Environmental

让低碳减排深入
我们的生活

吴波◎编著

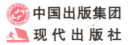
中国出版集团
现代出版社

图书在版编目（CIP）数据

让低碳减排深入我们的生活／吴波编著．—北京：
现代出版社，2012.12（2024.12重印）
（环境保护生活伴我行）
ISBN 978 – 7 – 5143 – 0960 – 7

Ⅰ．①让… Ⅱ．①吴… Ⅲ．①节能 – 青年读物②节能
– 少年读物 Ⅳ．①TK01 – 49

中国版本图书馆 CIP 数据核字（2012）第 275457 号

让低碳减排深入我们的生活

编　　著	吴　波	
责任编辑	刘　刚	
出版发行	现代出版社	
地　　址	北京市朝阳区安外安华里 504 号	
邮政编码	100011	
电　　话	010 – 64267325　010 – 64245264（兼传真）	
网　　址	www. xdcbs. com	
电子信箱	xiandai@ cnpitc. com. cn	
印　　刷	唐山富达印务有限公司	
开　　本	710mm × 1000mm　1/16	
印　　张	12	
版　　次	2013 年 1 月第 1 版　2024 年 12 月第 4 次印刷	
书　　号	ISBN 978 – 7 – 5143 – 0960 – 7	
定　　价	57.00 元	

前　言

　　有一个令地球人不寒而栗的事实是：最近一些年来，世界各国自然灾害频繁，危害也越来越大。就在 2008 年中国和世界各国爆发了多起重大自然灾害，包括大地震、大雪灾、大风暴、洪水、飓风和海啸等等，全球因此失去了许多生命，造成了巨大的财产损失。

　　今天，世界各国的政府和专家终于有了一个初步共识就是"全球气候不断变暖和自然灾害不断加剧是人类经济活动行为所致"，比如人类能源消耗造成二氧化碳过度排放等等。

　　虽然人类的科学技术手段越来越先进，比如气象卫星越来越多、各种地理环境观察仪器也越来越先进，可是，世界各国的科学家和政府对越来越严重的自然环境灾害的预防和如何减少灾害发生几乎无能为力。对此，人类不得不反思自己今天对自然和环境的无穷索取，是否有点太贪婪，太不负责任了？

　　哥本哈根气候变化大会自 2009 年 12 月 7 日开幕以来，就被冠以"有史以来最重要的会议"、"改变地球命运的会议"等各种重量级头衔。这次会议试图建立一个温室气体排放的全球框架，也让很多人对人类当前的生产和生活方式开始了深刻的反思。纵然世界各国仍就减排问题进行着艰苦的努力，但低碳这个概念几乎得到了广泛认同。

　　低碳，英文为 low carbon。意指较低（更低）的温室气体（二氧化碳为主）排放。随着世界工业经济的发展、人口的剧增、人类欲望的无限上升和生产生活方式的无节制，世界气候面临越来越严重的问题，二氧化碳排放量越来越大，地球臭氧层正面临前所未有的危机，全球灾难性气候变化屡屡出现，已经严重危害到人类的生存环境和健康安全，即使人类曾经引以为豪的高速增长的 GDP 也因为环境污染、气候变化而大打折扣。

在这全球性的环境危机日益严重的时刻，提倡低碳生活功在当代，利在千秋。低碳离我们很近，也毫不神秘，对此我们应当懂得：

低碳不仅仅是富人的时尚、穷人的无奈，低碳和我们平时的良好的生活习惯其实是相吻合的，低碳的理念其实和我们平时节俭的观念是不谋而合的。我们平时的一些举动无不和低碳有着千丝万缕的联系，比如：多走路有利健康，少开空调坚持一下，骑骑车运动一下，塑料袋多用几次……要低碳，从形成一个健康观念起步，从养成一个良好习惯开始！

低碳是一种生活习惯，是一种自然而然地去节约身边各种资源的习惯，只要你愿意主动去约束自己，改善自己的生活习惯，你就可以加入进来。当然，低碳并不意味着放弃享受，过着苦行僧式的生活，只要你能从生活的点点滴滴做到多节约、不浪费，同样能过上舒适的低碳生活。

低碳生活离我们的日常生活并不遥远，它并不只是一种理论上的设想。只要人们从细节入手，有改变的决心和愿望，低碳生活完全可以实现。在阻止全球变暖的行动中，不仅政府、企业需要制定有效的对策，每一个普通人都可以扮演重要的角色。从身边的点滴做起，减少个人碳足迹，在生活中培养低碳的生活方式，这不仅是当前社会的潮流，更是个人社会责任的体现。

目 录

低碳生活之节能篇

低碳生活之新能源篇

低碳生活之常识篇
DITAN SHENGHUO ZHI CHANGSHI PIAN

　　低碳生活，源自英文 low－carbon life，指的是生活作息时所耗用的能量要尽力减少，减低碳，特别是二氧化碳的排放量，从而减少对大气的污染，减缓生态恶化，主要是从省电、节气和回收三个环节来改变生活细节。

　　低碳生活的核心内容是低污染，低消耗和低排放，以及多节约。对于普通人来说，低碳生活是一种生活态度，也是人们推进潮流的新方式。它给我们提出的是一个愿不愿意和大家共创造低碳生活的问题。我们应该积极提倡并去实践低碳生活，要注意省电、节气、熄灯一小时……从这些点滴做起。

什么是低碳生活

　　要知道什么是低碳生活，我们首先得弄清什么是低碳。

　　随着人类能源消耗的增加，空气中的二氧化碳含量也在逐步增加。根据科学换算，一吨碳在氧气中燃烧后能产生大约 3.67 吨二氧化碳。其计算是这样的：碳的分子量为 12，二氧化碳的分子量为 $\frac{44.44}{12} = 3.67$。由此可知，降低二氧化碳的含量已经成为一个全球性的问题。

低碳，英文为 low carbon。意指较低（更低）的温室气体（二氧化碳为主）排放。随着世界工业经济的发展、人口的剧增、人类欲望的无限上升和生产生活方式的无节制，世界气候面临越来越严重的问题，二氧化碳排放量越来越大，地球臭氧层正遭受前所未有的危机，全球灾难性气候变化屡屡出现，已经严重危害到人类的生存环境和健康安全，即使人类曾经引以为豪的高速增长的 GDP 也因为环境污染、气候变化而大打折扣。

在低碳环保问题上，人们需澄清一些认识上的误区。第一，低碳不等于贫困，贫困不是低碳环保经济，低碳环保经济的目标是低碳高增长；第二，发展低碳环保经济不会限制高能耗产业的引进和发展，只要这些产业的技术水平领先，就符合低碳经

低碳生活宣传画

济发展需求；第三，低碳环保经济不一定成本很高，减少温室气体排放甚至会帮助节省成本，并且不需要很高的技术，但需要克服一些政策上的障碍；第四，低碳环保经济并不只是未来需要做的事情，而是应该从现在做起；第五，发展低碳环保经济是关乎每个人的事情，应对全球变暖，关乎地球上每个国家和地区，关乎每一个人。

面对全球气候变化，急需世界各国协同减低或控制二氧化碳排放，1997年的 12 月，《联合国气候变化框架公约》第三次缔约方大会在日本京都召开。149 个国家和地区的代表通过了旨在限制发达国家温室气体排放量以抑制全球变暖的《京都议定书》。《京都议定书》规定，到 2010 年，所有发达国家二氧化碳等 6 种温室气体的排放量，要比 1990 年减少 5.2%。2001 年，美国总统布什刚开始第一任期就宣布美国退出《京都议定书》，理由是议定书对美国经济发展带来过重负担。2007 年 3 月，欧盟各成员国领导人一致同意，单方面承诺到 2020 年将欧盟温室气体排放量在 1990 年基础上至少减少20%。2012 年之后如何进一步降低温室气体的排放，即所谓"后京都"问题是在内罗毕举行的《京都议定书》第二次缔约方会议上的主要议题。2007年12月15日，联合国气候变化大会产生了"巴厘岛路线图"，"路线图"为2009年前应对气候变化谈判的关键议题确立了明确议程。

2005年2月16日，《京都议定书》正式生效。这是人类历史上首次以法规的形式限制温室气体排放。为了促进各国完成温室气体减排目标，议定书允许采取以下四种减排方式：

一、两个发达国家之间可以进行排放额度买卖的"排放权交易"，即难以完成削减任务的国家，可以花钱从超额完成任务的国家买进超出的额度。

二、以"净排放量"计算温室气体排放量，即从本国实际排放量中扣除森林所吸收的二氧化碳的数量。

三、可以采用绿色开发机制，促使发达国家和发展中国家共同减排温室气体。

四、可以采用"集团方式"，即欧盟内部的许多国家可视为一个整体，采取有的国家削减、有的国家增加的方法，在总体上完成减排任务。

现在来说说什么是低碳生活。低碳生活，源自英文 low – carbon life，指的是生活作息时所耗用的能量要尽力减少，减低碳，特别是二氧化碳的排放量，从而减少对大气的污染，减缓生态恶化，主要是从省电、节气和回收三个环节来改变生活细节。

低碳生活的核心内容是低污染，低消耗和低排放，以及多节约。对于普通人来说，低碳生活是一种生活态度，也是人们推进潮流的新方式。它给我们提出的是一个愿不愿意和大家共同创造低碳生活的问题。我们应该积极提倡并去实践低碳生活，要注意省电、节气、熄灯一小时……从这些点滴做起。

除了植树、绿化，还有人就近购买短途运输的商品，有人坚持爬楼梯，形形色色，有的很有趣，有的不免有些麻烦。但关心全球气候变暖的人们却把减少二氧化碳实实在在地带入了生活转向低碳生活方式的重要途径之一，是戒除以高耗能源为代价的"便利消费"嗜好。"便利"是现代商业营销和消费生活中流行的价值观。

不少所谓便利快捷方便的消费方式，实际上在人们不经意中浪费着巨大的能源。

如今，保护环境、保护动物、节约能源这些环保理念已深入人心，低碳生活则更是我们急需建立的绿色生活方式。"低碳生活"虽然是新概念，但提出的却是世界可持续发展的老问题，它反映了人类因气候变化而对未来产生的担忧，世界对此问题的共识日趋一致。全球变暖等气候问题致使人类不得不思考目前的生态环境。人类意识到生产和消费过程中出现的过量碳排放是形成气候问题的重要因素之一，因而要减少碳排放就要相应优化和约束某些消费和生产活动。

　　低碳生活的出现是要告诉人们，我们可以为减碳做些什么，还告诉我们可以怎么做。在这种生活方式逐渐兴起的时候，大家开始关心，我今天有没有为减碳做些什么呢？

　　因为树林可以吸收大量的二氧化碳。在北京的八达岭附近，一个碳汇林林场已经成形。如果你想抵消掉自己对社会的碳排放，可以来这里购买碳汇林或种树。

　　林业碳汇是通过实施造林和森林经营管理、植被恢复等活动，来降低空气中的二氧化碳的含量。其原理是植物叶片中的叶绿体通过光合作用吸收水、无机盐，释放氧气，通过筛管把制造的有机物再运送到土里，土里的真菌和细菌再把有机物分解，从而产生物质循环，起到减少空气中二氧化碳的作用。

　　比起少开车、少开空调，购买碳汇林的主意，受到更多人的欢迎。目前，减缓气候变暖的主要措施是减排和增汇。与减排手段相比，林业碳汇措施因其低成本、多效益、易操作，成为减缓气候变暖的重要手段。

 知识点

GDP

　　GDP 即英文 gross domestic product 的缩写，也就是国内生产总值。通常对 GDP 的定义为：一定时期内（一个季度或一年），一个国家或地区的经济中所生产出的全部最终产品和提供劳务的市场价值的总值。GDP 是宏观经济中最受关注的经济统计数字，因为它被认为是衡量国民经济发展情况最重要的一个指标。一般来说，国内生产总值有三种形

态，即价值形态、收入形态和产品形态。从价值形态看，它是所有常驻单位在一定时期内生产的全部货物和服务价值与同期投入的全部非固定资产货物和服务价值的差额，即所有常驻单位的增加值之和；从收入形态看，它是所有常驻单位在一定时期内直接创造的收入之和。

 延伸阅读

低碳是否会降低生活水平

低碳生活不是一个落后的生活模式，提倡低碳并不一定会降低我们的生活品质。在低碳状态下，交通便利、房屋舒适宽敞是可以得到保证的，可以采取低碳技术来解决这些问题。如城市中可以利用中水浇灌绿地，利用太阳能等可再生能源进行照明和日常使用，利用煤层气等清洁能源作为汽车的燃料，利用污水源、浅层水源、深层高温地下水源、土壤源等可再生能源热泵技术解决建筑的供热等。其实，低碳的环境也是衡量人的生活水平的指标之一，没有良好的环境，必然会影响我们的生活水平。全面实现低碳生活与保持或提高市民生活水平之间并不冲突，它们的共同目的都是为了更好地改善人们的生存环境和条件，其中的关键是要找到一个结合点，探索一种低碳的可持续的消费模式，在维持高标准生活的同时尽量减少使用消费能源多的产品、降低二氧化碳等温室气体排放。

节能与"增"能

所谓节能，广义地讲，是指除狭义节能内容之外的节能方法，如节约原材料消耗，提高产品质量和劳动生产率，减少人力消耗，提高能源利用效率等。

狭义地讲，节能是指节约煤炭、石油、电力、天然气等能源。

在狭义节能内容中包括从能源资源的开发，输送与配转换（电力、蒸

汽、煤气等）或加工（各种成品油、副产煤气为二次能源），直到用户消费过程中的各个环节，都有节能的具体工作去做。

按照世界能源委员会 1979 年提出的定义：采取技术上可行、经济上合理、环境和社会可接受的一切措施，来提高能源资源的利用效率。

节能就是尽可能地减少能源消耗量，生产出与原来同样数量、同样质量的产品；或者是以原来同样数量的能源消耗量，生产出比原来数量更多或数量相等质量更好的产品。换言之，节能就是应用 技术上现实可靠、经济上可行合理、环境和社会都可以接受的方法，有效地利用能源，提高用能设备或工艺的能量利用效率。

随着社会的不断进步与科学技术的不断发展，现在人们越来越关心我们赖以生存的地球，世界上大多数国家也充分认识到了环境对我们人类发展的重要性。各国都在采取积极有效的措施改善环境，减少污染。这其中最为重要也是最为紧迫的问题就是能源问题，要从根本上解决能源问题，除了寻找新的能源，节能是关键的也是目前最直接有效的重要措施，在最近几年，通过努力，人们在节能技术的研究和产品开发上都取得了巨大的成果。

现在各种节能技术和产品丰富多样，并且不断推陈出新。

节能是指加强用能管理，采用技术上可行，经济上合理以及环境和社会可以承受的措施，减少从能源生产到消费各个环节中的损失和浪费，更加有效、合理地利用能源。其中，技术上可行是指在现有技术基础上可以实现；经济上合理就是要有一个合适的投入产出比；环境可以接受是指节能还要减少对环境的污染，其指标要达到环保要求；社会可以接受是指不影响正常的生产与生活水平的提高；有效就是要降低能源的损失与浪费。

节能是我国可持续发展的一项长远发展战略，是我国的基本国策。

在节能的同时还要提高能源的利用率，这是一种间接的节能，实际上是在"增"能。

我们知道，能源所含能量中被人们利用的部分跟能源所含总能量的比值，就是能源的利用率，这个比值越大，说明能源所含的总能量中被人们利用的部分就越多，能源的利用率就越高。

目前，人们利用常规能源的效率很低，未能充分使用，而浪费了很多。仅以火力发电为例，其效率仅为30%～40%。也就是如果说，煤炭完全燃烧产生了 100 焦耳热量，其中只有 30~40 焦耳的热量转化为电能，而其余 60~70 焦耳的热量通过各种途径在能量转化的过程中损失掉了。如果能大幅度提高常规能源的利用率，就能有效地减少常规能源的消耗，从而达到节能的目的。

热电联供

火力发电是由燃烧燃料产生的热能使水转化为高温、高压的水蒸气，再由高温、高压的水蒸气冲击汽轮发电机发电。通过汽轮机的水蒸气仍有很高的温度，如果不加以回收利用，水蒸气中相当大的一部分热能将被白白浪费掉，若直接排入江河，还会产生热污染。因此世界各国都在研究这种技术。方法是将发电机、热交换器紧密结合在一起，使整个系统在发电的同时又能向外界供热，使回收后的热水可以循环使用。这种方法使余热和废热得到了充分利用，可以大量节约燃料，使能源的利用率提高 15%~30%。

循环硫化床技术

在今后相当长的一段时间内，煤炭仍是人类生存的主要能源。所以，提高煤炭的利用率，在节能技术中占有重要地位，也是各国要长期研究的重大课题。

在我国，煤炭主要用于火力发电、工业锅炉和民用燃料。由于燃烧设备落后，导致燃烧率低，同时产生大量的有害气体和粉尘，污染

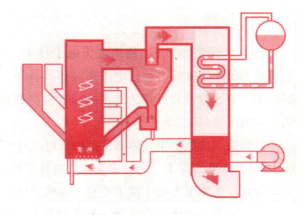

循环硫化床锅炉原理图

环境。因此，研究燃煤技术是提高煤炭利用率的重要内容。

循环硫化床技术是新一代较成熟的燃煤技术，它是将煤和吸附脱硫剂加入燃烧室的床层中，然后从锅炉底部向燃烧室内吹入压缩空气，使煤粉散布在整个燃烧室内进行硫化燃烧。燃烧后的煤渣和煤粉混合，再返回燃烧室进

行辅助燃烧，结果可燃烧效率高达99%以上。因此，这种技术具有高效、洁净、可烧劣质煤等优点。

节油技术

将石油和水按2∶1的比例混合起来，再用频率为2×10^4赫兹以上的超声波将水和油均匀混合成乳状液，这时，乳状液中的小水珠被油分子包围，使油的表面积增大了数百万倍，从而大大提高了燃烧速度。而燃烧时，被油分子包围的小水珠受热发生爆裂，将它表面的油层打碎，使油的表面积进一步扩大，从而大大增加了石油燃烧的利用率。不仅如此，用这种混合燃料产生的能量比单用石油还大，而且几乎不产生油烟和灰烬，真可谓是一举两得。另一种节油技术是在汽油中掺入4%的氢气，用作汽车发动机燃料，可节约汽油达40%。最近甚至有人发现，将煤油、汽油、柴油等燃料经过磁化处理后，改变了这些燃料的燃点、黏度等物理性质，削弱了油分子之间的引力，使油易于形成雾状，从而使油能够完全燃烧。用磁化油可节省燃料近20%，节能效果也相当可观。

电子节能

在中大型用电设备上使用电力电子技术，也可以得到显著的节能效果。所谓电力电子技术是一种以电力半导体器件为核心，加上电力交流技术、控制技术、电子技术和计算机技术的综合性高新技术，它已发展成为机电一体化技术的重要基础。

目前第二代电力半导体器件的耐压可高达4500伏以上，而允许通过的电流也大到2500安以上，因此完全可以胜任工矿企业、民用电力等各种场合的自动控制。采用电力电子技术控制电动机，可节约电能30%~50%。

另一种节约电能的有效方法是变频技术。变频的方法有两种，一种是机械变频，另一种是电子变频。变频的目的是为了改变交流电的变化频率，使用电设备在最经济的状态下运行，从而达到节约电能的目的。

目前国内市场上出现的变频空调、变频冰箱等产品，是根据温度的高低来控制压缩机转速的，因此这些产品都属于节能产品。

知识点

二次能源

二次能源是指由一次能源经过加工转换以后得到的能源，例如：电力、蒸汽、煤气、汽油、柴油、重油、液化石油气、酒精、沼气、氢气和焦炭等等。在生产过程中排出的余能，如高温烟气、高温物料热，排放的可燃气和有压流体等，亦属二次能源。一次能源无论经过几次转换所得到的另一种能源，统称二次能源。

二次能源又可以分为"过程性能源"和"合能体能源"，电能是应用最广的过程性能源，而汽油和柴油是应用最广的合能体能源。二次能源亦可解释为自一次能源中，所再被使用的能源，例如将煤燃烧产生蒸气能推动发电机，所产生的电能即可称为二次能源。或者电能被利用后，经由电风扇，再转化成风能，这时风能亦可称为二次能源。

延伸阅读

全球环保城市榜

根据联合国发布的"人类发展指数"和美国研究机构编纂的"环境可持续发展指数"，2007年，美国《读者文摘》委托美国环境经济学家卡恩综合考察了141个国家的空气、水质等环境因素，生产总值、教育、就业、平均寿命等社会因素，以及温室气体排放、对生物多样性的重视等指标，评估全球最适合居住的国家及城市。

结果显示，芬兰为最重视环保和居民生活质量的国家，当地的婴幼儿患病率低，在环境保护及预防天然灾害的相关政策拟定和执行上，亦表现突出，成为全球最适合居住的国家。

《读者文摘》同时考察了72个国际大城市的生活质量，前10名全部是欧洲城市，香港排第十八，是排名最高的亚洲城市，其次是东京，排第二十，新加坡排第四十五。

有关的评估是根据各城市的公共交通、城市公园、空气质量、垃圾回收和电费等作为指标。瑞典的斯德哥尔摩是居住质量最好的都会城市，其次是奥斯陆、慕尼黑和巴黎。

低碳经济

低碳经济的涵义

低碳经济是人类有史以来，继农业文明、工业文明之后的又一次重大进步，是国际社会应对人类大量消耗化学能源、大量排放二氧化碳和二氧化硫，及其引起的全球气候灾害而提出的新概念，其核心是能源技术创新和人类生存发展观念的根本性转变。

低碳经济宣传画

所谓低碳经济，是按照可持续发展的思路和理念，通过技术革新、制度更新、产业转型、寻找新能源等多种手段，尽可能地减少煤炭、石油、天然气等高碳能源消耗，减少温室气体排放，达到经济社会发展与生态环境保护双赢的一种经济发展形态。发展低碳经济，一方面是积极承担环境保护责任，完成国家节能降耗指标的要求；另一方面是调整经济结构，提高能源利用效益，发展新兴工业，建设生态文明。这是摒弃以往先污染后治理、先低端后高端、先粗放后集约的发展模式的现实途径，是实现经济发展与资源环境保护双赢的必然选择。

低碳经济定义的延伸，还包括降低重化工业比重，提高现代服务业比重的产业结构调整升级的内容；低碳经济的宗旨是发展以低能耗、低污染、低排放为基本特征的经济，降低经济发展对生态系统中碳循环的影响，实现经济活动中人为排放二氧化碳与自然界吸收二氧化碳的动态平衡，维持地球生物圈的碳元素平衡，减缓气候变暖的进程、保护臭氧层不致蚀缺。

广义的低碳技术除包括对核、水、风、太阳能的开发利用之外，还涵盖生物质能、煤的清洁高效利用、油气资源和煤层气的勘探开发、二氧化碳捕获与埋存等领域开发的有效控制温室气体排放的新技术，它涉及电力、交通、建筑、冶金、化工、石化、汽车等多个产业部门。

随着全球气候变暖对人类生存和发展的严峻挑战，随着全球人口和经济规模的不断增长，能源使用带来的环境问题及其诱因不断地为人们所认识，不止是烟雾、光化学烟雾和酸雨等的危害，大气中二氧化碳（二氧化碳）浓度升高带来的全球气候变化也已被确认为不争的事实。

在此背景下，"碳足迹"、"低碳经济"、"低碳技术"、"低碳发展"、"低碳生活方式"、"低碳社会"、"低碳城市"、"低碳世界"等一系列新概念、新政策应运而生。而能源与经济以至价值观实行大变革的结果，可能将为逐步迈向生态文明走出一条新路，即：摈弃20世纪的传统增长模式，直接应用新世纪的创新技术与创新机制，通过低碳经济模式与低碳生活方式，实现社会可持续发展。

作为具有广泛社会性的前沿经济理念，低碳经济其实没有约定俗成的定义。低碳经济也涉及广泛的产业领域和管理领域。

发展低碳经济的意义

当前，气候变化成为国际的一个重要问题。发达国家为应对气候变化，形成了新的管理理念，制定相关政策措施，加大技术创新投入，以便在未来的产业竞争中抢占先机。在这样的形势下，我国发展低碳经济，也是十分必要的。

1. 发展低碳经济，维持可持续发展

低碳经济是碳排放量、生态环境代价及社会经济成本最低的经济，是一种能够改善地球生态系统自我调节能力的可持续性很强的经济。

低碳经济有两个基本点：其一，它是包括生产、交换、分配、消费在内的社会再生产全过程的经济活动低碳化，把二氧化碳（二氧化碳）排放量尽可能减少到最低限度乃至零排放，获得最大的生态经济效益；其二，它是包括生产、交换、分配、消费在内的社会再生产全过程的能源消费生态化，形成低碳能源和无碳能源的国民经济体系，保证生态经济社会有机整体的清洁发展、绿色发展、可持续发展。

在一定意义上说，发展低碳经济就能够减少二氧化碳排放量，延缓气候变暖，所以就能够保护我们人类共同的家园。

2. 发展低碳经济，调整产业结构

有一种误解认为，要发展低碳经济就要抛弃钢铁、建材等高耗能的产业，因而不能发展低碳经济。

但我国处于快速工业化和城市化阶段，大规模的基础设施建设需要钢材、水泥、电力等的供应保证，这些"高碳"产业是新一轮经济增长的带动产业，也无法通过国际市场满足国内的巨大需求，这些产业的发展有其合理性。要通过发展低碳经济，提高资源、能源的利用效率，降低经济的碳强度，促进我国经济结构和工业结构优化升级。

3. 发展低碳经济，优化能源结构

煤多油少气不足的资源条件，决定了我国在未来相当长一段时间内，煤炭仍将是主要的一次性能源。

煤炭属于"高碳"能源，我国也没有廉价利用国际油气等"低碳"能源的条件。发展低碳经济，提高可再生能源比重，可以有效地降低一次性能源消费的碳排放。

4. 发展低碳经济，实现跨越式发展

我国技术水平参差不齐，研发和创新能力有限。这是我们不得不面对的现实，也是我国由"高碳"经济向"低碳"转型的最大挑战。

近年来，我国可再生能源开发利用产业呈快速增加之势。如果加大投入，大力发展低碳经济，我国可以实现这个领域的跨越式发展。

5. 发展低碳经济，开展国际合作与竞争

虽然我国工业化享有全球化、制度安排、产业结构、技术革命等后发优势，但我们不得不接受发达国家主导的国际规则，不得不在国际分工体系中处于利润的下端。发展低碳经济，不仅可以与发达国家共同开发相关技术，还可以直接参与新的国际游戏规则的讨论和制定，以利于我国的中长期发展和长治久安。

发展低碳经济的要件

1. 制定法律法规，形成低碳发展的长效机制

走低碳发展之路，制度创新和技术创新是关键。因此，我国应开展"应对气候变化法"立法可行性研究。在相关法规修订中，增加应对气候变化的有关条款。如可以在规划、项目批准、战略环评的技术导则中加入气候影响评价的相关规定，逐步建立应对气候变化的法规体系。应加强管理能力建设，提高各级政府、企业及公众适应和减缓气候变化的能力。

探索建立有利于应对气候变化的长效机制与政策措施，从政府、企业和公众参与等方面推动低碳转型。借鉴国外发展低碳经济的经验和教训，制订气候变化国家规划，在条件相对成熟时创建碳市场，研究制定价格形成机制；制定财税激励政策，综合考虑能源、环境和碳排放的税种和税率，引导企业和社会行为，形成低碳发展的长效机制。

2. 建设低碳城市，未雨绸缪

将低碳理念引入设计规范，合理规划城市功能区布局。在建筑物的建设中，推广利用太阳能，尽可能利用自然通风采光，选用节能型取暖和制冷系统；选用保温材料，倡导适宜装饰，杜绝毛坯房；在家庭推广使用节能灯和节能电器，在不影响生活质量的同时有效降低日常生活中的碳排放量。我国一些地方特别是有些城市发展低碳经济的热情很高，应该出台相关的指导意见，规范低碳经济的内涵、模式、发展方向和评价体系等。

重视低碳交通的发展方向。加强多种运输方式的衔接，建设形成机动车、自行车与行人和谐的道路体系；建设现代物流信息系统，减少运输工具空驶率；加强智能管理系统建设，实行现代化、智能化、科学化管理；研发混合燃料汽车、电动汽车等新能源汽车，使用柴油、氢燃料等清洁能源，减轻交通运输对环境的压力。

3. 加强国际合作，研发技术

走低碳发展道路，技术创新是核心。应采取综合措施，为企业发展低碳经济创造政策和市场环境。应研究提出我国低碳技术发展的路线图，促进生

RANG DITAN JIANPAI SHENRU WOMEN DE SHENGHUO

产和消费领域高能效、低排放技术的研发和推广，逐步建立起节能和能效、洁净煤和清洁能源、可再生能源和新能源以及森林碳汇等多元化的低碳技术体系，为低碳转型和增长方式转变提供强有力的技术支撑。应进一步加强国际合作，通过气候变化的新国际合作机制，引进、消化、吸收先进技术，通过参与制定行业能效与碳强度标准、标杆，开展自愿或强制性标杆管理，使我国重点行业、重点领域的低碳技术、设备和产品达到国际先进乃至领先水平。

4. 鼓励利益相关方参与

低碳发展不但是政府主管部门或企业关注的事情，还需要各利益相关方乃至全社会的广泛参与。由于气候变化涉及面广、影响大，因此，应对气候变化首先需要各政府部门的参与，同时需要不同领域不同学科专家共同参与，加强研究、集思广益、发挥集体智慧。同时，应加强相关的舆论宣传。

总之，发展低碳经济，是我们转变发展观念、创新发展模式、破解发展难题、提高发展质量的重要途径。应通过产业结构以及能源结构的调整、科学技术的创新、消费方式的改变和优化、政策法规的完善等措施，大力发展循环经济和低碳经济，努力建设资源节约型、环境友好型、低碳导向型社会，实现我国经济社会又好又快发展。

发展低碳经济的途径

1. 戒除"便利消费"嗜好

转向低碳经济的重要途径之一，是戒除人们以高耗能源为代价的"便利消费"嗜好。

在现代商业营销和消费生活中，"便利"或者快捷是流行的服务观念和价值观念。殊不知，不少便利消费方式在人们不经意中浪费着巨大的能源。

比如，据制冷技术专家估算，超市电耗70%用于冷柜，而敞开式冷柜电耗比玻璃门冰柜高出20%。由此推算，一家中型超市敞开式冷柜一年多耗约4.8万度电，相当于多耗约19吨标煤，多排放约48吨二氧化碳，多耗约19万升净水。

以上海为例，共计约有大中型超市近800家，超市便利店6000家。如果大中型超市普遍采用玻璃门冰柜，顾客购物时只需举手之劳，一年可省电约

4521 万度，相当于节省约 1.8 万吨标煤，减排约 4.5 万吨二氧化碳。在中国，年人均二氧化碳排放量 2.7 吨，但一个城市白领即便只有 40 平方米居住面积，开 1.6L 车上下班，一年乘飞机 12 次，碳排放量也会在 2611 千克。由此看来，节能减排势在必行。

2. 提高"关联性环保"意识

转向低碳经济的另一个重要途径，是提高"关联性环保"意识，戒除使用"一次性"用品的消费嗜好。2008 年 6 月全国开始实施"限塑令"。无节制地使用塑料袋，是多年来人们盛行便利消费最典型的嗜好之一。

要使戒除这一嗜好成为人们的自觉行为，单让公众理解"限塑"意义在于遏制白色污染，这只是"单维型"环保科普意识。

其实"限塑"的意义还在于节约塑料的来源——石油资源、减排二氧化碳。这是一种"关联型"节能环保意识。

据中国科技部《全民节能减排手册》计算，全国减少 10% 的塑料袋，可节省生产塑料袋的能耗约 1.2 万吨标煤，减排 31 万吨二氧化碳。

关联型环保意识不仅能引导公众明白"限塑就是节油节能"，也引导公众觉悟到"节水也是节能"（即节约城市制水、供水的电能耗），觉悟到改变使用"一次性"用品的消费嗜好与节能、减少碳排放、应对气候变化的关系。

3. 戒除"面子消费"嗜好

转向低碳经济的重要途径之三，是戒除"面子消费"、"奢侈消费"的嗜好，尤其是那些以大量消耗能源、大量排放温室气体为代价的嗜好。

近年来全国车市销量增长最快的是进口豪华车，其中高档大排量的宝马进口车同比增长 82% 以上，大排量的多功能运动车 SUV 同比增长 48.8%。

与此相对照，不少发达国家都愿意使用小型汽车、小排量汽车。提倡低碳生活方式，并不一概反对小汽车进入家庭，而是提倡有节制地使用私家车。日本私家车普及率达 80%，但出行并不完全依赖私家车。在东京地区私家车一般年行驶 3000～5000 千米，而上海私家车一般年行驶 1.8 万千米。

国内人们无节制地使用私家车成了炫耀型消费生活的嗜好。有些城市的重点学校门口，接送孩子的一二百辆私家车，将周围道路堵得水泄不通。由于人们将"现代化生活方式"含义片面理解为"更多地享受电气化、自动化提供的便利"，导致了日常生活越来越依赖于高能耗的动力技术系统，往往几百米的短程或几层楼的阶梯，都要靠机动车和电梯代步。

4. 加强低碳饮食

转向低碳经济、低碳生活方式的重要途径之四，是全面加强以低碳饮食为主导的科学膳食平衡。

随着社会的发展，人们的膳食越来越多地消费以多耗能源、多排温室气体为代价生产的畜禽肉类、油脂等高热量食物，肥胖发病率也随之升高。而城市中一些减肥群体又嗜好在耗费电力的人工环境，如空调健身房、电动跑步机等进行瘦身消费，其环境代价是增排温室气体。

低碳饮食，就是低碳水化合物，主要注重限制碳水化合物的消耗量，增加蛋白质和脂肪的摄入量。目前我国国民的日常饮食，是以大米、小麦等粮食作物为主，形成"南米北面"的饮食结构。而低碳饮食可以控制人体血糖的剧烈变化，从而提高人体的抗氧化能力，抑制自由基的产生，长期还会有保持体形、强健体魄、预防疾病、减缓衰老等益处。但由于目前国民的认识能力和接受程度有限，不能立即转变。因此，倡导、实行低碳饮食将会是一个长期的、艰巨的工作。不过，相信随着人民大众普遍认识水平的提高，低碳饮食将会改变中国人的饮食习惯和生活方式。

发展低碳经济，是中国的"世界公民"责任担当，也是中国可持续发展，转变经济发展模式的难得机遇。推行低碳经济，需要政府主导，包括制定指导长远战略，出台鼓励科技创新、节能减排、可再生能源使用的政策，减免税收、财政补贴、政府采购、绿色信贷等措施，来引领和助推低碳经济发展；但也需要企业认清方向自觉跟进，促进低碳经济发展的"集体行动"。只有更多企业改变目前的被动状态，自觉跟进低碳经济的发展步伐时，中国向低碳经济转换才有现实的基础和未来的希望。

发展低碳经济的任务

低碳经济是以减少温室气体排放为目标，构筑低能耗、低污染为基础的经济体系，它包括低碳能源系统、低碳技术和低碳产业体系三个方面。

低碳能源系统是指通过发展清洁能源，包括太阳能、风能、地热能、核能和生物质能等替代煤、石油等化石能源以减少二氧化碳排放。

低碳技术包括清洁煤技术和二氧化碳捕捉及储存技术等等。

低碳产业体系包括火电减排、新能源汽车、节能建筑、工业节能与减排、循环经济、资源回收、环保设备、节能材料等等。

低碳经济的起点是统计碳源和碳足迹。二氧化碳有三个重要的来源，其中，最主要的碳源是火电排放，占二氧化碳排放总量的41%；增长最快的碳源则是汽车尾气排放，占比25%，特别是在我国汽车销量开始超越美国的情况下，这个问题越来越严重；建筑排放占比27%，随着房屋数量的增加而稳定的增加。

低碳经济的理想方式

"低碳经济"的理想形态是充分发展"风能经济"、"太阳能经济"、"氢能经济"、"生态经济"和"生物质能经济"。

由于技术的问题，现阶段太阳能发电的成本较高，是煤电水电的 5 ~ 10 倍，一些地区风能发电价格高于煤电水电；作为二次能源的氢能，目前离利用风能、太阳能等清洁能源提取的商业化目标还很远；以大量消耗粮食和油料作物为代价的生物燃料开发，更是在一定程度上引发了粮食、肉类、食用油价格的上涨，这对于中国这个人口大国来说实在不合时宜。

从世界范围看，预计到2030年太阳能发电也只达到世界电力供应的10%，而全球已探明的石油、天然气和煤炭储量将分别在今后40、60和200年左右耗尽。因此，在"碳素燃料文明时代"向"太阳能文明时代"（风能、生物质能都是太阳能的转换形态）过渡的未来几十年里，"低碳经济"、"低碳生活"的重要含义之一，就是节约化石能源的消耗，为新能源的普及利用提供时间保障。特别从中国能源结构看，低碳意味节能，低碳经济就是以低能耗低污染为基础的经济。

"戒除嗜好，面向低碳经济"的环境日主题提示人们，"低碳经济"不仅意味着制造业要加快淘汰高能耗、高污染的落后生产方式，推进节能减排的科技创新，而且意味着引导公众反思那些习以为常的消费模式和生活方式是浪费能源、增排污染的不良嗜好，从而充分发掘服务业和消费生活领域节能减排的巨大潜力。

 知识点

绿色信贷

　　绿色信贷是环保总局、人民银行、银监会三部门为了遏制高耗能高污染产业的盲目扩张，于2007年7月30日联合提出的一项全新的信贷政策。对不符合产业政策和环境违法的企业和项目进行信贷控制，各商业银行要将企业环保守法情况作为审批贷款的必备条件之一。它规定，各级环保部门要依法查处未批先建或越级审批，环保设施未与主体工程同时建成、未经环保验收即擅自投产的违法项目，要及时公开查处情况。同时它还针对贷款类型，设计了更细致的规定。如对于各级环保部门查处的超标排污、未取得许可证排污或未完成限期治理任务的已建项目，金融机构在审查所属企业流动资金贷款申请时，应严格控制贷款。

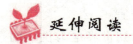 延伸阅读

经济藻和能源藻

　　对二氧化碳消耗最快的是什么？答案是：藻类。

　　比如说生产天然虾青素而养殖的雨生红球藻（一种单细胞的经济藻），每100ml的藻液要消耗18g左右的二氧化碳。藻类是一种浮游植物，在其生长繁殖的过程中除了少量的氮、磷、钾外绝大部分需要的是二氧化碳，二氧化碳转化为藻类的细胞壁、以及脂类和多糖类。这是一个非常好的经济藻。

　　除了吸收二氧化碳以外，藻类还可以制造燃料，我们可以称之为能源藻。用藻类制造燃料有着很明显的优势：藻类是世界上生长最快的植物，生长条件也十分简单，仅仅需要水、阳光和二氧化碳。如果条件适合，藻类一夜之间就能体积加倍。藻类在生长过程中具有同时捕获二氧化碳和其他污染物的能力，通过光合作用，在体内产生油脂，其含油量很高，有些藻体内的油脂

甚至占到体重的70%。这些油脂可以被人们收获并转变为生物柴油。藻类中的碳水化合物成分可以被发酵变成乙醇。这两种燃料都是比柴油或天然气更清洁的燃料。

什么是可持续发展

可持续发展思想，是由世界环境与发展委员会于1987年提出来的。日后，随着其影响的日益广泛，现已成为许多国家和地区制定发展战略的指导思想。按照世界环境与发展委员会的定义，所谓持续发展，"是既满足当代人的需要，又不对后代满足其需要的能力构成危害的发展"。

这虽然是一种粗略的定性描述，在转化成实践的过程中也会有一定的困难，但作为一种新思想、新观念，在人与自然相互作用的过程中对调节人类的活动起到了承前启后的作用。

可持续发展作为一种社会经济发展思想与传统的发展思想是相对立的，是在人类饱尝生态破坏所带来的痛苦的基础上提出的。因此。它从根本上否定了传统发展思想中的追求国民生产总值或国民收入的增长，而不顾自然资源的迅速枯竭的趋势和生态环境的严重破坏这种片面的价值观。它从整个人类的生存、繁衍和发展这一最终需要出

可持续发展宣传画

发，重新确立起了环境（或自然）的价值，界定了环境（自然）在人类社会发展进程中的地位和作用，明确了人类与自然和谐发展、共同进步的途径和方式。

不可否认，传统发展思想在以高投入、高消耗为其发展的重要手段和基本途径，以高消费、高享受为其发展的追求目标和推动力的基础上，确实将人类的历史文明向前大大地推进了一步。但是与此同时，正是这种传统的发展思想将人类逐渐地引进了与自然界全面对抗和尖锐对立的冰雪时代。

到 20 世纪 90 年代，自然界由于环境和生态的破坏对人类的报复变得越来越频繁，越来越激烈，给人类造成的损失和灾难越来越大。如全球气候变暖、大气臭氧层的破坏、酸雨污染、土地沙漠化、生物多样性锐减、海洋与淡水资源的污染、有毒化学品和放射性核物质的转移与危害等等。

所有这一切，人类已经把自己逼到了一个必须做出历史抉择的紧要关头：或者继续我行我素，坚持传统的发展思想，保持或扩大国家之间的经济差距，在世界各地增加贫困、饥饿、疾病和文盲，继续使我们赖以生存的地球生态系统进一步恶化，走向自我毁灭；或者与传统的发展思想彻底决裂，并根据可持续发展的原则与理论，重新调整各项有关政策，探讨并建立资源与人口、环境与发展的科学合理的比例和模式，进一步调节人类活动的方式和规模，使人类发展与环境状况走上一个良性循环的轨道。

在 1992 年 6 月份召开的联合国环境与发展大会上，可持续发展成了时代的最强音，并被具体体现到了这个会议发表的五个重要的文件中。李鹏总理代表我国政府在这些重要文件上签了名，表明了我国政府在对待可持续发展这类问题的态度。所有这一切表明，人类最终理智地选择了可持续发展这条人类发展的唯一途径，这是人类文明的历史性的重大转折，是人类告别传统发展和走向新的现代文明的一个重要的里程碑。

可持续发展的最广泛的定义和核心思想是："既满足当代人的需要，又不对后代人的满足其需要的能力构成危害（《我们共同的未来》）。""人类应享有以与自然相和谐的方式过健康而富有生产成果的生活的权利，并公平地满足今世后代在发展与环境方面的需要，求取发展的权利必须实现。"（《里约宣言》）

因此，可持续发展既是人类新的行为规范和准则，又是人类新的价值观念。作为行为规范，它提出了一系列的准则，强调人类追求的是享有健康而富有生产成果的生活权利并坚持和保持与自然相和谐方式的统一，而不应当是凭借人类手中掌握的高技术和高投资，采取耗竭资源、破坏生态和污染环境等方式来追求这种人类所崇尚的发展权利的实现，从而给人类划定了社会发展的方向并形成了强有力的约束；作为价值观念，它是人类社会发展的重要的、明确的导向系统，它强调当代人在创造与追求今世发展与消费的同时，应承认并努力做到使后代人拥有与自己同等的发展机会和权利，而不应当也不允许当代人一味地、片面地、自私地甚至是贪婪地为了追求自己的发展和消费，而毫不留情地剥夺了后代人本应合理享有的同等的发展权利与消费机会，从而体现了人类开始进入更高的发展阶段的价值取向。

 知识点

世界环境与发展委员会

　　世界环境与发展委员会（WECD）通称联合国环境特别委员会或布伦特兰委员会。在 1982 年于内罗毕召开的联合国环境管理理事会议上，前日本环境厅长原文兵卫代表日本政府建议设立这种机构，得到代表们的支持。1983 年的第 38 届联合国大会通过成立这个独立机构的决议。由联合国秘书长提名时任挪威工党领袖的布伦特兰夫人任委员会主席。1984 年 5 月本机构正式成立。委员会由主任、委员等 22 名世界著名学者、政治活动家组成。委员会的主要任务是：审查世界环境和发展的关键问题，创造性地提出解决这些问题的现实行动建议，提高个人、团体、企业界、研究机构和各国政府对环境与发展的认识水平。

 延伸阅读

低碳示范工程

　　我国经济快速增长，但也付出了巨大的资源和环境代价，如今，商务部开始在某些城市打造"低碳示范工程"：即在城市开发区设立低碳产业示范园区和在该城市商业核心区打造一个"零排放"商务区。前者为后者提供材

料来源。

低碳产业示范园区鼓励薄膜太阳能、太阳能集热管、LED 节能灯等相关企业入驻。园区的产业定位为，重点打造太阳能光伏、太阳能光热、LED 节能灯、建筑新材料、地源、水源等产业。把这些研发、生产企业聚集起来，我国希望引导企业加大技术创新的投入力度，培育出具有自主知识产权的核心技术。

"零排放"商务区内，所有的建筑玻璃均采用薄膜太阳能电池的玻璃幕墙，顶部采用晶硅太阳能电池发电。建筑物内使用 LED 节能灯照明，运用太阳能光热技术供应热水、运用地源热泵等调节建筑内温度和湿度。建筑材料也要采用环保新材料。

减少碳足迹

"碳足迹"来源于英语"Carbon Footprint"，是指一个人的能源意识和行为对自然界产生的影响，简单的讲就是指个人或企业"碳耗用量"。打个比方，一个人开着车子在马路上转一圈后对能源的消耗、二氧化碳的产生及其对自然界的影响，就是一个碳足迹。

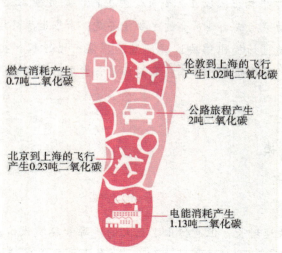

燃气消耗产生
0.7吨二氧化碳

伦敦到上海的飞行
产生1.02吨二氧化碳

公路旅程产生
2吨二氧化碳

北京到上海的飞行
产生0.23吨二氧化碳

电能消耗产生
1.13吨二氧化碳

碳足迹

碳足迹是可以计算的。例如：

家居用电的二氧化碳排放量（千克）＝耗电度数×0.785×可再生能源电力修正系数；

开车的二氧化碳排放量（千克）＝油耗公升数×0.785；

乘坐飞机的二氧化碳排放量（千克）：

短途旅行：200千米以内＝千米数×0.275×该飞机的单位客舱人均碳排放；

中途旅行：200－1000千米＝55+0.105×（千米数—200）；

长途旅行：1000千米以上＝千米数×0.139。

通过以上换算后，还可以继续估算需补偿树的数目。如果按照30年冷杉吸收111千克二氧化碳来计算，我们可以得出碳足迹所需要种几棵树来补偿。

例如：如果你乘飞机旅行2000千米，那么你就排放了278千克的二氧化碳，为此你需要植三棵树来抵消；如果你用了100度电，那么你就排放了78.5千克二氧化碳。为此，你需要植一棵树；如果你自驾车消耗了100公升汽油，那么你就排放了270千克二氧化碳，为此，需要植三棵树……

如果不以种树补偿，则可以根据国际一般碳汇价格水平，每排放一吨二氧化碳，补偿10美元。用这部分钱，可以请别人去种树。

减少碳足迹要做到以下几个方面：

1. 主动减少碳排放

主动减少碳排放，我们介绍了几种常见方法：

换节能灯泡：11瓦节能灯就相当约80瓦白炽灯的照明度，使用寿命更比白炽灯长6～8倍，不仅大大减少用电量，还节约了更多资源，省钱又环保。26℃空调：空调的温度设在夏天26℃左右，冬天18℃～20℃对人体健康比较有利，同时还可大大节约能源。

购买那些只含有少量或者不含氟里昂的绿色环保冰箱。丢弃旧冰箱时打电话请厂商协助清理氟利昂。选择"能效标志"的冰箱、空调和洗衣机，能效高，省电加省钱。购买小排量或混合动力机动车，减少二氧化碳排放。

参加"少开一天车"活动。

选择公交，减少使用小轿车和摩托车。

拼车：汽车共享，和朋友、同事、邻居同乘，既减少交通流量、又节省汽油、减少污染、减小碳足迹。

购买本地食品：如今不少食品通过航班进出口，选择本地产品，免去空运环节，更为绿色。

2. 碳补偿或碳抵消

通过植树或其他吸收二氧化碳的行为，对自己曾经产生的碳足迹进行一定程度的抵消或补偿。

3. 能效监测，能源审计

单单是更换低碳的设备也是不行的，现在目前国内只是盲目的更新设备，换节能设备。那么你怎么知道所谓的节能设备就一定是节能的呢？看功率吗？看大小吗？还是看广告说明？不是这样的！如果你不进行能效检测，不进行能源审计，你如何发现你的设备就是淘汰的呢？所以能效监测、能源审计是一个必不可少的低碳控制程序。

白炽灯

白炽灯将灯丝通电加热到白炽状态，利用热辐射发出可见光的电光源。自1879年美国的爱迪生制成了炭化纤维（即炭丝）白炽灯以来，经人们对灯丝材料、灯丝结构、充填气体的不断改进，白炽灯的发光效率也相应提高。1959年，美国在白炽灯的基础上发展了体积和衰光极小的卤钨灯。白炽灯的发展趋势主要是研制节能型灯泡。不同用途和要求的白炽灯，其结构和部件不尽相同。白炽灯的光效虽低，但光色和集光性能好，是产量最大，应用最广泛的电光源。

低碳是空中楼阁吗

一些市民认为，低碳生活只是一种理论上的设想，对他们来说犹如空中楼阁，与他们的日常生活距离太远；也有市民认为，低碳生活是一项系统工程，仅依靠市民自身力量难以实现，与其这样，还不如按日常的生活方式继续过下去。

专家认为，城市居民长期以来形成的生活习惯和消费模式，在短时期内确实难以改变。在这种惯性下，推行低碳生活也可能会带来不便。但这些并不能成为市民拒绝低碳生活的理由，只要人们从细节入手，有改变的决心和愿望，低碳生活完全可以实现。

在阻止全球变暖的行动中，不仅政府、企业需要制定有效的对策，每一个普通人都可以扮演重要的角色。从身边的点滴做起，减少个人碳足迹，在生活中培养低碳的生活方式，这不仅是当前社会的潮流，更是个人社会责任的体现。

肉是高碳饮食

根据美国约翰·霍普金斯大学研究人员的计算，动物性蛋白质的营养价值虽然高于植物性蛋白质，但是前者生产过程中消耗的化石燃料是后者的8倍。

肉类的生产、包装、运输和烹饪所消耗的能量比植物性食物要多得多，其对引发地球温室效应所占人类行为的比重高达25%。

中国农业科学院农业环境与可持续发展研究所研究员林而达指出，粮食是"低碳饮食"，肉是"高碳饮食"，每人用吃一斤粮食代替吃一斤肉，全国就能减少28万吨的二氧化碳排放。

您也许觉得这是危言耸听，可这却是千真万确的！

2007年，诺贝尔和平奖得主IPCC主席帕卓里博士在演讲中指出：

（1）生产1千克的肉，会排放36.4千克的二氧化碳。

（2）畜牧业生产1千克牛肉需要10千克饲料。不但严重浪费食物资源，更造成穷国的粮荒问题。

因此，对抗气候变迁最轻而易举的事，就是少吃肉！

这是人人都可以做得到的事。以少吃肉来缩小畜牧业的规模，是减少温室气体排放最有效的方式。

肉食也造成了穷国与富国之间食物资源分配的巨大不公平，并影响穷国的食物供给。畜牧业生产1千克牛肉需要10千克饲料，目前全球三分之一的谷粮和超过90%的大豆用以喂养牲畜，以生产肉类供富国消费，不但严重浪费食物资源，更造成穷国的粮荒问题。

联合国粮农组织（FAO）在2006年出版的《畜牧业的长远阴影》称，畜牧业向大气层排放的温室气体大于交通运输业，占全球温室气体总排放量的18%。

不过，加上屠宰、运输、冷冻、储藏等因素，肉食造成温室气体的排放可能还要更严重。2009年11月，看守世界研究中心在一篇权威性研究报告中指出，超过51%的温室气体排放来自畜牧业！

大量碳来自畜牧业

来自畜牧业的主要温室气体来源为：

（1）伐除雨林以生产饲料。

（2）粪便废弃物所释放的甲烷，甲烷的潜在暖化效应为二氧化碳的72倍。地球上人为产生的甲烷中，畜牧业就占16%。在《京都议定书》等国际条约中，有6种温室气体遭到管制，其中包括甲烷。而甲烷主要来自于家畜养殖。人类减少肉食，减少养殖家畜，就相应减少了甲烷排放，同时，也控制了肉食生产所需要的大量能源消耗和废气排放。

（3）肉乳产品的冷冻与全球运输。

（4）动物的饲养、屠宰与加工。

（5）超过500亿只饲养动物所呼出的大量二氧化碳。

与植物类食品相比较，肉类的耗能也非常大。根据美国哈佛大学营养学家估算，肉类的生产、包装、运输和烹饪所消耗的能量比植物性食物要多得多，其对引发地球温室效应所占人类行为的比重高达25%，而飞机所造成的温室效应仅占2%。

联合国政府间气候变化专门委员会（IPCC）主席帕乔瑞指出："我要提醒世人，在减缓气候变化的诸多方法之中，改变饮食习惯是可行之道。"就温室气体减量而言，少吃肉比少开车更有帮助。帕乔瑞说，减少食肉量能够给对付气候变化带来立竿见影的影响。

英国伦敦的农场动物福利非政府组织"关怀世界农业"（CIWF）从2004年开始发起"少吃肉类"运动。该组织指出过去四十年来，全球肉类消费量直线上升，严重威胁人体健康、地球资源与生态环境。全球至少三分之一的粮食用于饲养牲畜，获取1千克牛肉要消耗10千克饲料与10万公升的水。全球农场牲畜每天至少制造130亿吨的废弃物，污染土壤与河川，加剧全球暖化趋势。

目前，地球上共有约15亿只家养牛和野牛，17亿只绵羊和山羊。它们的数量还在快速增长。全球肉产量有望在2001年至2050年期间翻一番。

一般，成年羊一天的食草量在5千克左右，还需采食精料0.5~1千克，目前，全球的羊每天至少要吃掉75亿千克的草。放牧的牛群，每日食鲜草量约为其体重的10%~14%，平均体重按850千克计算，全球的牛每天至少要吃掉1530亿千克的草。

既然动物排出大量的碳，还吃掉大量吸碳的植物，那么，我们更应该少吃肉了。

因为吃肉的需求会刺激畜牧业与肉食品加工业的发展。吃太多的肉，就会带动畜牧业的快速增长。而畜牧业的快速增长，又会加剧全球变暖，使环境恶化。

IPCC

　　认识到潜在的全球气候变化问题，世界气象组织（WMO）和联合国环境规划署（UNEP）于1988年建立了联合国政府间气候变化专门委员会（IPCC）。许多科学家认为，气候变化会造成严重的或不可逆转的破坏风险，并认为缺乏充分的科学确定性不应成为推迟采取行动的借口。而决策者们需要有关气候变化成因、其潜在环境和社会经济影响以及可能的对策等客观信息来源。而IPCC这样一个机构的地位能够在全球范围内为决策层以及其他科研等领域提供科学依据和数据等。IPCC的作用是在全面、客观、公开和透明的基础上，对世界上有关全球气候变化的现有最好科学、技术和社会经济信息进行评估。这些评估吸收了世界上所有地区的数百位专家的工作成果。IPCC的报告力求确保全面地反映现有各种观点，并使之具有政策相关性，但不具有政策指示性。

地球"发烧"的危害

　　（1）过敏加重：研究显示，随着二氧化碳含量和温度的逐渐升高，花期提前来临，花粉生成量增加，使人类春季过敏加重。

　　（2）物种正在变得越来越"袖珍"：随着全球气温上升，生物形体在变小，这从苏格兰羊身上已现端倪。

（3）肾结石疾病的增加：由于气温升高、人体脱水量增多，研究人员预测，到2050年，将新增泌尿系统结石患者220万人。

（4）外来传染病暴发：水源温度的升高，使蚊子和浮游生物大量繁殖，也使登革热、疟疾和脑炎等卷土重来，时有暴发。

（5）夏季肺部感染加重：温度升高，凉风减少会加剧臭氧污染，极易引发肺部感染。

（6）藻类泛滥引发疾病：水温升高导致蓝藻迅猛繁衍，从市政供水体系到天然湖泊都会受到污染，从而引发消化系统、神经系统、肝脏和皮肤疾病。低碳生活，已成为人类急需建立的生活方式。

"高"碳带来的后果

温室效应

以往相当长的一段时间内，地球大气中的二氧化碳含量基本上是一个定值，然而，随着工业的发展，煤炭、石油、天然气等燃料的燃烧，释放出大量的热量，与此同时，又产生了大量的二氧化碳，加之人口的巨量增长和对森林的不断砍伐，使地球大气中二氧化碳的含量增加了25％以上。

二氧化碳可以防止地表热量辐射到太空中，具有调节地球气温的功能。如果没有二氧化碳，地球的年平均气温会比今天降低20℃；但是，超量的二氧化碳却使地球仿佛捂在一座玻璃暖棚里，温度会逐渐升高，这就是所谓的"温室效应"。

其实，除了二氧化碳，其他诸如臭氧、甲烷、氟利

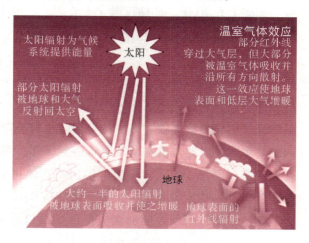

温室效应示意图

昂、一氧化二氮等都是大气温室效应的主要贡献者，它们被统称为"温室气体"。只是由于二氧化碳是大气中含量最多的温室气体，科学家才更关注于它。

现在，已有人将甲烷视作比二氧化碳更危险的温室气体，因为它会吸收地球表面的红外线，具有很强的阻止热扩散能力，因而对温室效应起了很大的推动作用。甲烷的来源十分广泛，在开采石油、天然气和煤的过程中，它是作为一种副产品进入大气中的。另外，世界各地的牛因肠胃气胀每天要排泄相当数量的甲烷，仅此一项，每年就要产生5000万吨甲烷。如果把世界上所有的牛、马、骆驼、羊、猪以及白蚁都加以计算，全世界每年至少要生产5亿吨甲烷。

目前，大气中的甲烷含量仍以每年1%~2%的速率增加，这使科学家们大伤脑筋，因为它的效率可能是二氧化碳的20倍。由于大部分甲烷来自自然过程，因此减少甲烷的散发可能比控制二氧化碳更为艰难。科学家们不无忧虑地指出：如果以目前的速度发展下去，几十年内甲烷的作用将在温室效应中占50%。

在正常气候下，地球上各种形态的水呈一种动态平衡。南北极以冰川的形式，储水极为丰富。南极冰层平均厚1700米，最厚处达4000米，储水相当于全世界各大洲湖泊河流水量的200倍。假如南极冰川全部融化，全世界海平面将上升70米。即使仅融化十分之一，也将使整个地球海平面上升约7米。根据预测，到21世纪中叶，地表温度升高1.5℃~4.5℃，海平面将上升0.25~1.4米。

当然，"几家欢乐几家愁"，温室效应给各个局部地区所带来的后果也不尽相同。以下是这些地区的可能后果：加拿大，安大略富庶的农田由于降雨量的减少引起粮食欠收。科罗拉多河，水位下降，在美国包括加利福尼亚在内的8个州，农业、供水、发电将遭到破坏；美国中西部，由于干热的夏天使农田遭到损害。西欧，温暖的墨西哥湾流可能不会受到温室效应的干扰。格陵兰岛，一些冰层融化，使海平面升高0.15~0.3米。北极圈，在西伯利亚、阿拉斯加、白令海和加拿大群岛的港口成为不冻港，提高了商运能力。中国，边远地带的农田变得多雨，可提高产量。印度和孟加拉，这两个国家遭到更多的台风和洪水的袭击。非洲，热雨带向北移，干燥的乍得、苏丹和埃塞俄比亚变得湿润。南极洲，由于雪和冷雨的增加，使冰层加厚，并阻碍由于温室效应产生的海平面上升。

无论如何，二氧化碳在今天地球的温度上升过程中，起着举足轻重的作用，由于是弊大于利，因此，人们称它为温室效应的"罪魁祸首"。20世纪80年代末，在加拿大多伦多市召开的一次国际会议上，科学家们一致认为，在今后20年内，工业国家应将二氧化碳的释放量减少20%，不过以美国为首的一些国家则争辩道，这样会使他们付出昂贵的代价。

但是，英国和德国的三位经济学家所做的一项研究表明，发达国家大量减少二氧化碳的释放量并不会花很多费用，因为近年来工业国家的经济结构正在发生重要变化，工业部门都在逐步使用新设备对旧工厂进行更新换代，如果在更新设备的同时也考虑到二氧化碳的释放问题，岂非一举两得？

他们指出，新设备不仅可以更有效地利用燃料，减少二氧化碳的释放量，而且也会生产出质量更好的产品，从而提高工厂的经济效益；如果西方国家的政府能采取一些奖励措施，诸如通过增收二氧化碳税来鼓励工厂企业以更快的速度对旧设备进行更新换代，这不仅可减少二氧化碳的释放量，同时也可增加生产的竞争性，从长远看，这种措施将会使国家的经济受益。

臭氧层破坏

臭氧是地球大气中一种微量气体，它是由于大气中氧分子受太阳辐射分解成氧原子后，氧原子又与周围的氧分子结合而形成的，含有3个氧原子。大气中90%以上的臭氧存在于大气层的上部或平流层，离地面有10～50千米，这才是需要人类保护的大气臭氧层。还有少部分的臭氧分子徘徊在近地面，仍能对阻挡紫外线有一定作用。

臭氧层具有非凡的本领，它能把太阳辐射来的高能紫外线的99%吸收掉，使地球上的生物免遭紫外线的杀伤。可以说，它是地球生命的"保护神"。假如没有它的保护，所有强紫外辐射全部落到地面的话，那么，日光晒焦的速度将比烈日之下的夏季快50倍，几分钟之内，地球上的一切林木都会被烤焦，所有的飞禽走兽都将被杀死，生机勃勃的地球，就会变成一片荒凉的焦土。

臭氧层还能阻挡地球热量不致很快地散发到太空中去，使地球大气的温度保持恒定。这一点，它和二氧化碳非常相似，因此，臭氧也是一种"温室气体"。

臭氧层为什么能吸收高能紫外线，保护地球生命呢？原来，在高空中发生着奇妙的化学变化。高空中的氧气受宇宙射线的激发能产生原子氧；原子氧与氧分子作用便生成了臭氧分子，正是这一过程，吸收了太阳的辐射能；臭氧比空气重，当它生成后就在空气中下降；由于臭氧不稳定，容易分解为氧气，并放出原子氧，原子氧和氧气再上升到高空……就这样，臭氧和氧气不停地相互转化，既吸收了高能射线的能量，又保护住了地球的热量。

臭氧层就像套在地球上的一件无形的铠甲，忠实地保护着大地上的生命；它又像一面巨大的筛子，只让对生物有益的光和热通过它到达地面。可以说，臭氧层是天工修筑的一座万里长城。

南极出现臭氧层空洞

然而，现代工业对大气的污染正在无情地磨损着这层铠甲。1986 年 6 月下旬，美联社发布了一则引起全球关注的消息：英国南极调查组织的科学家们发现并且证实，南极上空的臭氧层正在迅速地减少，出现了一个"臭氧层空洞"。这个位于南极洲哈利湾站上空的"空洞"是从 1960 年开始破损的，20世纪 70 年代末到 80 年代初，破损速度骤然加快，形成了一个巨大的"洞"。美国宇航局的科学家也证实了这一发现。

到 1992 年 11 月 13 日，世界气象组织又一次向全世界发出警告：臭氧层厚度创造了历史上最薄的纪录！这是综合世界各地 140 个地面站和几个卫星的资料而获得的最新结果。1992 年，南极以及北半球中高纬度地区的臭氧层均为历史最低水平，9~10 月间，南极 14~19 千米上空的臭氧层几乎全部丧失。

来自宇宙空间的信息表明，臭氧层越来越稀薄的现象不仅发生在冬季，在春季和夏季也会出现，而正是这两个季节内阳光最强烈，地球上的人类和生物最需要臭氧层的保护。如果阳光中的紫外线能够长驱直入，结果是患皮肤癌的人数将大量增加，有人甚至这样说："臭氧层被破坏 10%，皮肤癌就会增加 20%。"澳大利亚的昆士兰州素有"阳光州"的美誉,那里因皮肤癌而丧生的人数比例也居世界之首。

当然,也有科学家对上述观点提出疑义,认为这一说法或许太夸张了。他们认为,臭氧层只能吸收少量波长为 280～320 微毫米范围内的紫外线,而这部分紫外线并不是对地球上动植物危害最大的。究竟孰是孰非,看来也不是一时可以下定论的。

使臭氧层变得稀薄的"罪魁祸首"是谁呢?科学家们认为,是某些化肥和作为制冷剂的氯氟碳化合物,俗称"氟利昂"。家用电冰箱、空调机、喷雾摩丝和喷雾杀虫剂中,都含氟利昂气体。科学家发现,由于人类在生产、生活中广泛使用氯氟碳化合物,使高层大气中漂浮着这类化合物分子。在太阳紫外线的高能辐射作用下,氯氟碳化合物被分解,放出氯原子。氯原子能迅速"吞噬"臭氧分子,一个氯原子可以和 10 万个臭氧分子发生连锁反应;而氯原子在和臭氧分子作用后,又能迅速恢复原状,重新"攻击"另外的臭氧分子……就这样,臭氧分子被大量而迅速地吞噬掉了。

1987 年 9 月,由联合国草拟了一个国际协定——《蒙特利尔议定书》。该议定书明确规定,氯氟碳化合物(包括名声显赫的氟利昂)生产国从 1989 年 7 月开始,要将产量冻结在 1986 年的水平。到 1998 年,要削减 50%。有 27 个国家共同签署了这个协定。后来,联合国环境规划署起草的一份报告认为,臭氧层遭到明显破坏,95% 因归于氯氟碳化合物和聚四氟乙烯气体。

1992 年初,各国政府尤其是一些发达国家政府纷纷表态,计划在三五年内禁止使用含氯氟碳化合物的制冷剂以及其他危害臭氧层的物质。德国已宣布于 2000 年完全停止生产氯氟碳化合物,瑞典和挪威保证到 1995 年削减产量的 95%……世界上大多数氯氟碳化合物生产国已承认《蒙特利尔议定书》,并正在千方百计地设法生产其替代品。这是和人类切身利益休戚相关的大事,有专家预言:"假如全世界继续以目前的速率使用化学品,到 21 世纪臭氧层将消耗 16.5%。"这并非危言耸听。不过,也有生态修正论者提出了相反的意见,他们认为,真正的危机是我们的轻信。他们的反击主要集中在以下两点:第一,氟利昂并不破坏使地球免受紫外线照射的臭氧层;第二,即使臭氧层真的变薄,也不会对人类健康造成危害。

RANG DITAN JIANPAI SHENRU WOMEN DE SHENGHUO

无论结论如何，我们现在所要做的当然是保护臭氧层，为此，全世界的科学家都在为之努力。

天降酸雨

酸雨，作为一个国际问题，自从1972年首先由瑞典在斯德哥尔摩召开的联合国人类环境会议上提出后，已成为一个重大的国际环境问题。世界上最早为"酸雨"命名的人是英国科学家R. 史密斯。1852年，史密斯分析了英国工业城市曼彻斯特附近的雨水，发现那儿雨水中由于大气严重污染而含有硫酸、酸性硫酸盐、硫酸铵、碳酸铵等成分。他成了世界上第一个发现酸雨、研究酸雨的科学家，并由此开创了一门崭新的学科——化学气候学。史密斯对酸雨整整调查研究了20年，于1872年写了《空气和降雨：化学气候学的开端》一书。就是在这本书中，他第一次采用了"酸雨"这一术语。不过，由于当时世界上降酸雨的地方星星点点，并没有引起人们的重视。

酸雨形成示意图

直到史密斯发现酸雨的40年以后，一个名叫保罗·索伦森的科学家才进一步确证了酸雨的存在，并且提出了测量酸雨的方法。而酸雨问题真正得到全世界的关注，则是20世纪的事情。

20世纪以来，尤其是20世纪50年代以来，酸雨给人类带来的危害愈演愈烈，逐渐成为世人所关注的一大问题。1963年，美国康乃尔大学教授金·

林肯斯率领一批科学家对新罕布什尔州的哈伯河进行考察时，发现当地降下的雨是黑颜色的，黑雨中含有很高的酸度。1967年，瑞典科学家斯万特欧登在研究了各地的降雨之后，发出了这样的警告："酸雨本质上是人类的化学战！"从此，世界各国的科学家和环境保护部门才把对酸雨的研究和治理陆续摆到议事日程上来。

平常的雨水都呈微酸性，pH值在5.6以上，这是因为大气中的二氧化碳溶解于洁净的雨水中以后，一部分形成呈微酸性的碳酸的缘故。然而燃烧煤和石油的过程会向大气大量释放二氧化硫和氮化物，当这些物质达到一定的浓度以后，会与大气中的水蒸气结合，形成硫酸和硝酸，使雨水的酸性变大，pH值变小。我们把pH值小于5.6的雨水，称之为酸雨。

今天，酸雨已成为地球上很多区域的环境问题。在欧洲，雨水的酸度每年以10%的速度递增；在北美，降落pH值只有3~4的强酸雨已经司空见惯；在加拿大，酸雨危害面积已达120~150平方千米；在日本，全国降落的酸雨pH值是4.5；在印度和东南亚，一些土壤已经因频降酸雨而酸化。我国西南各省如贵州、四川，酸雨情况也很严重。

哪里有酸雨，哪里就会有灾难发生。酸雨落在水里，可使水中的鱼群丧命；酸雨落在植物上，可使嫩绿的叶子变得枯黄凋零；酸雨落到建筑物上，可把材料腐蚀得千疮百孔，污迹斑斑。希腊雅典埃雷赫修庙上亭亭玉立的少女神像，就被"折磨"得"面容憔悴""污头垢面"。酸雨进入人体，会使人渐渐衰弱，严重者会导致死亡。据报载，仅在1980年一年内，美国和加拿大就有5万余人成了酸雨的受害者。比利时是西欧酸雨污染最为严重的国家，它的环境酸化程度已超过正常标准的16倍。在意大利北部，5%的森林死于酸雨。瑞典有15000个湖泊酸化。挪威有许多马哈鱼生活的河流已经遭酸雨污染。

酸雨是由大气中的酸性烟云形成的，这些酸性污染物，一部分来自大自然，如火山爆发、海水蒸发、动植物腐败而散逸出的含有酸性物质的气体；另一部分是由人类活动造成的，如工矿企业所喷出的浓烟，各种车辆排出的废气等。这些酸性物质到了大气之中，溶入雨水降到地面，便形成了酸雨。

来自大自然和人类活动的两部分酸性物质的污染中，哪一部分是主要的

祸首呢？我们不妨做一个比较。1980 年 5 月 18 日，美国华盛顿州的圣海伦火山突然喷发，酿成了几十年以来美国最严重的自然污染，专家们估计，这次火山爆发散入大气的亚硫酸酐约有 40 万吨，这当然是一个惊人的数字。可是，有人做过科学测试，一个中型的燃煤火力发电厂，一年内也能向大气排放 40 万吨亚硫酸酐，全世界难以计数的大中型火电厂，该相当于多少座火山爆发呀！相比之下，后者的危害就可想而知了。

在美国洛杉矶，有时降雨中的 pH 值达到 3，而在蒙大拿，积雪中所含的 pH 值则为 2.6。这些数字意味着什么呢？醋是人们在饮食中常用的调料，少放一点能使菜肴增加鲜味，但稍稍过量，就会感到难以下咽了，可是，醋的 pH 值不过 3 左右；说到柠檬水，我们的牙齿就会条件反射地产生发酸的感觉，然而，这种饮料的 pH 值也只有 2.3 左右。如此一比较，洛杉矶的酸雨和蒙大拿的积雪酸度就不言而喻了。创造世界"酸度之最"的酸雨，出现在美国弗吉尼亚州西部的惠林地区。1979 年，这一带下了一场暴风雨，雨中的 pH 值竟达到 1.5 左右，这样的酸度几乎同汽车蓄电池中的液体相似，它们洒到哪里，哪里的绿色植物就顿时枯死。树犹如此，人何以堪？

在加拿大，酸雨已经使 4000 个大大小小的湖泊变成了没有生命的死亡之湖。新斯科舍半岛地区的 9 条河流，本来是大西洋的鲑鱼产育幼卵的地方，如今再也见不到产卵的鱼群了。加拿大的森林资源也是著称于世的，而酸雨正在使这个国家的森林大片大片地枯死毁坏。

在欧洲，瑞士、瑞典、德国、挪威等国也是如此。瑞士一向以它如画的风景吸引着各国旅游者，可是，它那茂密葱翠的树林由于酸雨的侵害而大片枯萎，碧绿的湖水也开始变质，这个旅游休养的圣地正在失去往日美丽的风采。瑞士提契诺州的渔业公司在本州的湖泊里投放了一批鳟鱼鱼苗，以期秋天收获美味的鳟鱼，不曾料到，这些湖泊早已被酸雨变成了鱼的地狱，第二天，所有的鱼都白花花地浮在了水面上。德国的拜恩和巴顿地区，过去那蔽日的森林，后来也有大半被酸雨摧毁，造成了巨大的经济损失。在瑞典，一些村庄的井水也变得发酸，酸雨形成的环境污染"使有的农妇的头发像春天的桦木一样发绿"。

正如美国环境科学家所描述的：在美国纽约州坷迪龙狭克山脉的云杉、铁杉树林中，掩映着闪闪发光的布鲁克特劳特湖，周围是死一般的沉寂，连蛙声都听不到，晶莹的水面下也没有任何生物在活动，而在20年前，宁静的湖水中充满了生气，鳟鱼、鲈鱼和小狗鱼自由自在地嬉游其中，可是如今什么鱼都没有了。这是多么残忍的对比啊！

酸雨还严重侵蚀希腊雅典的女神庙、意大利罗马的斗兽场、伦敦的圣保罗大教堂、印度的泰姬陵。这些古老的建筑，在酸雨的无情洗刷之下，它们正在失去往昔华丽典雅的风姿。一个作家专门写了一本书，历述威尼斯古城遭受的污染，书名为"威尼斯的死亡"，他在书中痛心疾首地宣称："威尼斯正在死亡，没有挽救的希望了。"由于酸雨对建筑物的严重损害，人们干脆将它称为"石头的癌症"。

酸雨还会影响铁路运输，并使桥梁、水坝、工业设备、供水系统、地下贮罐、水力发电机以及电力和电信电缆所用的许多材料很快受到腐蚀。中国酸雨飘动的情况也日趋严重，1982年开展的一次酸雨普查，在2400多个普查监测的雨水样品中，属酸雨的占44.5%。由于酸雨在空中飘移，是超越国界的全球问题，因此已被各国环境科学家看作20世纪内最难治理的棘手问题之一，被冠之以"空中死神"的恶名。酸雨也给我们敲响了警钟：人类不要过于沉缅于战胜自然的喜悦中，人类的每一次胜利，大自然都报复了人类。

酸雨更可怕的危害，是直接损害人的身体健康。在酸雨的肆虐面前，受害最大的是老人和儿童。由于酸雨的诱发而患上各种呼吸道疾病的人，更是多得不计其数。

酸雨的变种——硫酸雾和早春的酸性融雪，其危害性也不容忽视。大气中的二氧化硫在多雾的季节溶入雾中，形成硫酸雾以后，它的毒性要大10倍。当每升空气中含有0.8毫克的二氧化硫时，人们在呼吸时感觉并不明显；而同样浓度的硫酸雾就会使人难以忍受。高浓度的硫酸雾更容易在短时间内引发哮喘等呼吸道疾病。难怪人们惊呼："酸雨已成为所有想象得出的、破坏性最大的污染物之一，是生物圈中的一种疟疾！"酸雨给人类带来的灾难，已经引起了世界性的抗议和愤怒，"制止酸雨"成为人们的强烈呼声。

知识点

氟利昂

氟利昂是几种氟氯代甲烷和氟氯代乙烷的总称。它在常温下都是无色气体或易挥发液体，略有香味，低毒，化学性质稳定。其中最重要的是二氯二氟甲烷。由于氟利昂化学性质稳定，具有不燃、无毒、介电常数低、临界温度高、易液化等特性，因而广泛用作冷冻设备和空气调节装置的制冷剂。由于氟利昂可能破坏大气臭氧层，已限制使用。目前地球上已出现很多臭氧层漏洞，有些漏洞已超过非洲面积，其中很大的原因是因为氟利昂的化学物质。

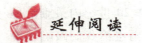延伸阅读

金星的悲剧

在太阳系中，金星的直径、质量、密度和表面重力这几项数值与地球十分接近，因此，人们曾把金星视作地球的"孪生姐妹"，直到测量了金星的表面温度以后，才改变了这种看法。由于金星比地球离太阳近，天文学家预料到它的温度会比地球高。但是，20世纪50年代，通过射电测量到金星的表面温度为300℃，使天文学家感到十分惊讶，因为这比他们预料的要高出上百摄氏度。之所以导致这种错误，是因为当时尚不知道金星的大气成分，没有考虑温室效应的缘故。金星大气成分97%是二氧化碳，这层厚厚的酸性云层虽然阻碍了太阳辐射的穿透，但更强烈地阻止了金星表面的热辐射散逸，形成了一个全球性的高效率"大温室"，使金星成为浓云下不见天日的热宫。此外，温室效应还使金星的昼夜温差甚小，夜间温度也降不下来多少，几乎和白天一样闷热，这一点和水星大不一样。

金星的今天会不会是地球的明天呢？科学家们似乎从金星上看到了地球的悲哀。

洁净煤技术

　　洁净煤也叫清洁煤，是指从煤炭开发利用的全过程中，旨在减少污染排放与提高利用效率的加工、燃烧、转化及污染控制等新技术。主要包括煤炭洗选、加工（型煤、水煤浆）、转化（煤炭气化、液化）、先进发电技术（常压循环硫化床、加压硫化床、整体煤气化联合循环）、烟气净化（除尘、脱硫、脱氮）等方面的内容。人们也许会觉得奇怪，煤炭又黑又脏，燃烧起来，上冒烟，下吐渣，装运起来灰尘滚滚，怎谈得上"洁净"两字？问题也正在于此，所以，它是煤炭开发利用中非常突出的新技术。

　　为了减少煤炭燃烧时对环境的污染，早在 20 世纪 80 年代中期，美国和加拿大等国就开始了洁净煤技术的研究。当时，主要是针对大型火电厂造成的酸雨危害而进行的。因为电厂燃煤，排放的烟气中二氧化硫的含量过高，遇到高空的水蒸气，就变成含稀硫酸的雨，降落下来称为酸雨，它毁坏森林和农作物，甚至连人们晾晒

实施洁净煤技术的工业区

的衣物也会遭到损坏。后来各国在燃煤过程中添加石灰等碱性添加剂，使酸性得到中和，但这会降低燃煤的热效率。因此，洁净煤的技术范围又扩大到煤的加工转化领域，它包括燃煤前的净化（脱除硫和其他杂质），煤的燃烧过程净化（使用各种添加剂），燃烧后对烟气的净化，以及使煤炭转化为可燃气体或液体的过程等。现代煤的净化技术，除了减轻环境污染外，还要提高煤的利用率，减轻煤的运输压力，降低能源成本。它是一举多得，需要综合考虑的问题。

目前，煤炭占世界一次能源消费总量的三分之一，在火力发电中占世界发电总量的44%。其他工业生产中煤的消耗也很大。在许多发展中国家，煤也是人们生活的主要燃料。尽管现在洁净煤技术的推广还存在着不少问题，特别是经济性问题，但它的应用前景十分广阔，科技攻关势头正在兴起。近年来，我国对洁净煤技术非常重视，科研投入逐年加大，部分成果得到国家政策性的支持，形势见好。

在洁净煤技术中，较适合我国国情的是清洁型煤技术。中国现有40多万台工业锅炉，20多万台工业窑炉和1亿多个小型炊事炉。如此多的炉窑，若要全部实行烟气净化，几乎是不可能的。但采用统一生产的"清洁型煤"去控制污染，不烧散煤，则是经济有效和可行的。说起型煤，自然会联想到早期的煤球和蜂窝煤，那是最早的粉煤变块，提高了煤的燃烧效率，在民用煤方面是一大进步。

20世纪60年代国外发展起来的上点火蜂窝煤和把烟煤加工成无烟型煤，又是一大进步。现在的清洁型煤技术则是要求高效、低污染，采用清洁添加剂、防水剂、活化剂等，使型煤的性能更理想。由于型煤的燃烧效率高，可以避免在低效燃烧时容易产生的黑烟、颗粒物和苯并（a）芘等有害污染物。特别是型煤在工业炉窑上的应用，使燃煤洁净化更具有现实意义。

洁净煤技术主要内容：

1. 选煤

选煤是发展洁净煤技术的源头技术。1997年中国有选煤厂1571座，选煤能力483.15兆吨，入选量338.19兆吨，入选率25.73%。煤炭洗选的重点已由炼焦煤转为动力煤。目前，中国已成功研究出可分选粒径小于0.5毫米粉煤的重介质旋流器、水介质旋流器、离心摇床和多层平面摇床，适用于高硫难选煤中黄铁硫矿的脱除。选择性絮凝法、高梯度磁选法脱黄铁硫矿的研究也取得了一定的成果。煤炭科学研究总院唐山分院开发的复合式干法分选机，其性能优于风力跳汰和风力摇床。中国矿业大学开发的空气重介质硫化床干法选煤技术已实现工业化，在黑龙江省建成了世界上第一座空气重介质硫化床干法选煤厂，这是选煤技术的一次重大突破。已研制成功的50吨/时空气重介质硫化床干法选煤机，其技术水平处于国际领先地位。

2. 型煤

型煤被称为"固体清洁燃料"。煤经过破碎后，加入固硫剂和粘合剂，压制成有一定强度和形状的块状型煤，燃用型煤可减少烟尘、SO_2和其他污染物的排放。目前，中国民用型煤技术已达国际水平，实现了商业化，年生产能力约50兆吨，无烟煤下点火蜂窝煤得到全国推广，烟煤、褐煤上点火蜂窝煤消烟技术也取得突破。最近几年，中国工业型煤研究取得很大进展。北京煤化所研究开发了优质化肥造气用型煤、煤气化用煤泥防水型煤、发生炉及工业窑炉型煤等多项型煤技术。中国矿业大学北京研究生部完成的第三代洁净型煤技术，采用独特的"破黏、增黏"工艺，突破了型煤高效无烟燃烧、高效固硫、低烟尘、致癌物分解等关键技术难关，通过改变调整型煤的多项煤质指标，实现了型煤的多样化、专业化和系列化，建立了测定评价型煤工艺参数的成套方法，并研制出高性能/价格比的型煤系列专用设备、超短型煤工艺流程，以及由工业废弃物制成的廉价添加剂。

3. 水煤浆

水煤浆又称煤水燃料。它是把低灰分的洗精煤研磨成微细煤粉，按煤与水比例7:3左右匹配，并适当加入化学添加剂，使成为均匀的煤水混合物。

这种新型燃料，既具有煤的物理和化学特性，又有像石油般的良好流动性和稳定性。它便于贮运，可以雾化燃烧，且燃烧效率比普通固体煤为高，污染也少。

水煤浆在一定范围内可以替代石油，如用于烧锅炉，当然还不能用于开汽车，但总可以扩大煤的用途。目前，日本、瑞典、美国和俄罗斯都在开发此项技术，我国也建立了水煤浆生产和应用基地，以取代一部分燃料油。实践表明，1.8~2.1吨水煤浆可以替代1吨燃料油，这在经济上是可行的。

由于水煤浆燃烧较充分，热效率可达95%。使用水煤浆的环境效益也较好，排烟和排灰量都显著减少。我国煤多油少，发展水煤浆前景较好，国家对此十分关注。

根据我国能源组成特点和能源地理分布的不均衡性，我国水煤浆技术开发旨在解决工业锅炉、窑炉及电站的节油、代油、节能，并降低燃烧污染物的排放。同时，水煤浆管道输送技术减轻了煤炭调运给铁路运输和大气洁净度带来的沉重负担。

4. 硫化床燃烧

硫化床燃烧是一种新型燃烧方式。在燃烧过程中，加入以石灰石为主的脱硫剂，可以有效地控制 SO_2 的排放。相对较低的燃烧温度也大大降低了氮氧化物的生成。工业上分为常压循环硫化床（CFBC）和增压硫化床（PFBC）。

目前，国内已建成常压循环硫化床装置 18 台，单台容量最大为 410 吨/时。在设计基础研究方面也取得了一些进展。1998 年，清华大学完成了循环床专用设计软件，另外还完成了镇海石化 220 吨/时燃用石油焦循环床的仿真机开发，与四川锅炉合作进行 125 兆瓦再热炉型的工程设计研究。1999 年将着重于 220 吨/时、410 吨/时国产循环硫化床锅炉的开发工作。中国增压硫化床技术开发进入示范工程阶段。由东南大学和徐州贾旺电厂共同承担的"九五"攻关项目"增加硫化床联合循环工程中试试验"已完成全系统调试。

5. 整体煤气化联合循环（IGCC）

煤气化联合循环发电是目前世界发达国家大力开发的一项高效、低污染清洁煤发电技术，发电效率可达 45% 以上，极有可能成为 21 世纪主要的洁净煤发电方式之一。中国 IGCC 关键技术研究已启动，工程示范项目处于立项阶段。该项目的研究内容包括 IGCC 工艺、煤气化、煤气净化、燃气轮机和余热系统方面的关键技术研究。其成果将为中国建设 IGCC 示范电站打下技术基础。

6. 煤炭气化及液化

（1）煤炭气化技术。煤炭气化是一种热化学过程，通常是在空气、蒸汽或氧等作气化介质的情况下，在煤气发生炉中将煤加热到足够的温度，使煤变化成一氧化碳、氢和甲烷等可燃气体。即把固体的煤变成气体，所以叫气化。因为煤炭直接燃烧的热利用效率仅为 15%～18%，而变成可燃烧的煤气后，热利用效率可达 55%～60%，而且污染大为减轻。煤气发生炉中的气体成分可以调整，如需要用作化工原料，还可以把氢的含量提高，得到所需的原料气，所以也叫合成气。

（2）煤炭液化技术。煤炭液化是将固体煤转化为液体燃料，俗称"人造石油"。因为煤和石油都是碳氢化合物,它们的区别只是煤中的氢元素比石油少。如果人为地将煤中的含氢量提高,通过一定的化合过程,使碳氢比接近石油,煤就液化成了石油。

当然,说起来很简单,其实真要把氢加到煤中去,使煤液化却非轻而易举的事。多少年来,化学家们为了实现这一理想,不知费了多少精力。煤的液化确实比煤的气化更难。但是谁都知道,液体燃料比固体和气体燃料使用方便,它可以广泛应用于交通工具上,例如汽车、飞机等都是离不开液体燃料的。从资源上来说,煤的储量远远超过石油的储量,因此煤的液化非常吸引人。通常煤的液化分间接液化和直接液化两大类。间接液化是在煤的气化基础上,将合成气中的一氧化碳和氢气进一步合成为液体燃料。这在进行煤炭综合利用中,可生产出人造石油和其他化工产品。

煤炭的直接液化,方案有不少,其中如高压催化加氢液化法,其工艺过程是将煤粉和煤焦油混合在一起,形成稠糊状,加进专门的催化剂,在高温高压容器中,隔绝空气,通进氢气,最终就能获得液体燃料。目前,德国、日本等国已在这方面作了较深的研究,尚未实现工业化生产,但已被公认为是当代煤的液化的高技术。

煤炭间接液化技术是指煤先经过气化制成 CO 和 H_2,然后进一步合成,得到烃类或含氧液化燃料和化工原料的技术。中国科学院山西煤化所将传统的 F－T 合成法与选择型分子筛相结合,开发成功煤基合成汽油新工艺(MFT),相继完成了工业单管模式和中间试验,已建成年产 2000 吨汽油、副产 7.5 兆立方米城市煤气的工业示范性装置。为中国多煤少油地区的煤炭能源转化开辟了一条切实可行的有效途径。

7. 污染控制

目前,中国自行研制开发了旋转喷雾干燥脱硫技术、磷铵肥法脱硫等新工艺,掌握了喷雾干燥脱硫技术。清华大学还试验成功了烟气脱硫剂悬浮循环技术。对中小型工业锅炉投资少、脱硫效果好同时兼具除尘效果的旋流塔板吸收法烟道气净化技术,也在研究开发之中。

目前中国燃煤电厂已建或在建的脱硫设施有 15 项,正在进行或已经通过可行性研究报告审查的脱硫项目有 9 家。

8. 煤系废弃物综合利用

中国煤炭资源的大量开采和低效率的利用，产生了大量煤泥、煤矸石、炉渣、粉煤灰等废弃物。这些废弃物利用技术已日趋成熟（如煤泥制水煤浆、煤泥和煤矸石燃烧、混烧技术、炉渣做水泥原料、粉煤灰制作各种建材的成型技术），有待于推广和应用。经过政府的倡导和支持以及广大科技工作者的共同努力，中国洁净煤技术取得了较大进展，基本覆盖了煤炭开发利用的全过程。但与发达国家相比，尚有较大差距。大力发展洁净煤技术，是中国煤炭工业的未来和希望，对其他相关工业也将产生重大影响。

9. 煤炭燃烧转化新技术

我国工业及供暖锅炉多采用层燃炉，这种炉型普遍出力不足，热效率只有50%～65%，且造成污染严重，亟待改造。煤炭燃烧的新技术主要表现在炉型改造上。相对于旧式固定床的为硫化床，它是采用沸腾燃烧技术，即把煤和吸附脱硫剂（石灰粉）加入燃烧室的床层中，并从炉层鼓风，使床层悬浮成沸腾状，进行流动化燃烧。这样可以提高燃烧效率，并能脱硫。

循环硫化床锅炉是在普通硫化床的基础上进一步提高了燃烧效率，它是利用高速空气把煤和吸附脱硫剂输入炉内，并把生成的煤焦油及飞扬的细粉燃料和吸附剂返回燃烧器进行辅助燃烧，因此煤的燃烧效率可达99%，脱硫效率也能提高，烟气排放污染物少。此种技术国外多用于火力发电，我国也列为国家重点科技攻关项目。

煤气化联合循环发电是将煤的气化净化与联合循环装置结合起来的一种燃煤火力发电系统。常规的燃煤发电效率约为30%～35%，此种联合循环发电系统的效率可在40%以上，国外已将此技术列为火力发电的先进技术，美国已建成此种发电厂。它是将煤气化后的燃料气驱动燃气轮机发电，余气用来烧锅炉，产生蒸汽再驱动汽轮机发电。

这种多级循环，最大限度地把一次能源充分利用变成电能，效率达45%。同时，这样排出的烟气比常规火电厂减少污染物50%，固体灰渣减少75%。我国拟在煤矿建设这种坑口电站，以减轻煤炭运输，改运煤为输电，经济效益较好。

 知识点

活化剂

　　活化剂是浮选药剂中调整剂之一。用以通过改变矿物表面的化学组成，消除抑制剂作用，使之易于吸附捕收剂。如磷酸乙二胺、磷酸丙二胺、二甲苯、氟硅酸钠、硫酸铵、氯化铵、硫酸亚铁、氢氧化铵等。

　　活化作用大致可分为：①自发活化作用：处理有色多金属矿石时，在磨矿过程中矿物表面与一些可溶性盐离子自发进行的作用。②预先活化作用：是指为了要选出某种矿物预先加一种活化剂使之活化。③复活作用：是指原先被抑制过的某种矿物，如用氰化物抑制过的闪锌矿，可加硫酸铜使之复活。④硫化作用：是指金属氧化矿先用硫化钠进行处理，使之在氧化矿表面生成一层金属硫矿物薄膜，然后用黄药进行浮选。

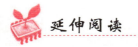 延伸阅读

碳中和

　　所谓"碳中和"，即排放多少二氧化碳就得补偿多少。比如，一家三口如果一年用电3000千瓦时，就排放了2.36吨二氧化碳，那么他们需要种22棵树才能抵消自己对大自然的破坏。

　　这种减排方式也渐渐为企业所采用。比如：顾客预订机票时，网站将根据飞行里程告知产生的二氧化碳排放量，以及相应的补偿选项。比如，飞行15000千米积分5000点，就可以换一棵树苗，由非政府组织"根与芽"的志愿者种在内蒙古的沙漠地区。

　　据说顾客对这项服务反馈很好，开展3个月已经有2300多名顾客用积分换了树苗。

　　中国第一家实施"碳中和"的旅馆URBN已在上海开业。管理方说，旅

馆从国际碳排放中介机构"零排放"购买了排放指标，这家有26个房间的旅馆运营所产生的二氧化碳都通过"零排放"机构的节能减排项目抵消掉了。

能源危机

当今支撑世界经济发展的能源主要是化石能源，即煤炭、石油和天然气。这些能源资源都是亿万年前古代太阳能的积存，远古的生物质吸收了太阳辐射能而生长，但是经过地壳变化，翻天覆地，把这些生物质埋藏在地下，受地层压力和温度的影响，慢慢地变成了碳氢化合物，这是一种可以燃烧的矿物质。

然而，这种漫长的地质年代和地壳的巨大变化，已不可能在地球上重复出现。尽管今后仍会有地震发生，而地球本身早已进入了稳定期。否则，像过去一样的造山运动，恐怕人类也将不复存在了。所以说，现在的煤炭、石油和天然气是不可再生的能源，只能是用一点，少一点，这种天赐的能源资源是有限的，值得人们十分珍惜。

1984年，第11届世界能源会议估计，全世界煤的预测贮量为13.6万亿吨，其中可采贮量为1.04万亿吨。20世纪90年代我国公布煤炭总资源贮量为5.06万亿吨，其中可采贮量约0.43万亿吨。中国是煤炭大国，煤产量居世界第一。

全国2000多个县，有煤资源的占1350个。目前，全国的能源供应，70%以上靠煤炭。但是煤是化石能源中最脏、热效率也较低的固体燃料，所以带来的环境污染也最大。

水电是一种可再生能源，在一些国家还有较大的开发潜力，中国的水能资源较为丰富，但是大多数尚未很好开发利用，若能合理开发，将是弥补电力不足的好出路。由于化石能源的有限性和环境保护的需要，国际上对水电开发又开始重视，特别是有些发展中国家，没有更多的廉价石油和煤炭供火力发电，及早考虑如何充分利用水能资源，把电力工业和基础农业同时发展起来，将是现实可行的。例如，巴西在发展水电方面有不少成功的经验。有些经济发达国家，如瑞士、日本、挪威、美国、意大利、西班牙、加拿大、奥地利等国的水能资源都得到了较充分的利用，而在多数发展中国家的水能资源尚未大量开发利用。我国的水能利用率仅及印度的二分之一，加速水电开发势在必行。发展经济需要能源，但是从上述能源资源看，经济增长不能无限增加能耗。

20 世纪 70 年代的世界石油危机给人们敲响了警钟，特别是一些靠消耗别国能源资源的国家，不加节制地增加能源用量不是长远之计，明智的办法是提高能源利用率和寻找替代能源。因此，美、日、德、法等国，在节能和开发新能源方面加大了投入。实际上许多经济发达国家从 20 世纪 70 年代后期以来，已逐渐做到经济有增长，能耗不增加，甚至有的国家总能耗还略有下降。它们已经认识到天赐资源有限，何况多数发达国家的能源大部分靠进口。如日本，国家小，资源不足，不能靠拼能源去增强经济实力，只能从技术上发挥优势，充分利用有限的资源，开展综合利用，使物尽其用，毫不浪费。

我国和多数发展中国家，对能源资源的紧迫感还不强，能源利用效率偏低。例如，我国比欧洲国家的能源利用，总效率约低 20%；在农业方面约差 10%，工业方面约差 25%，民用商业方面也差 20%。发展中国家浪费能源资源的现象比较普遍，技术越落后，浪费也越大。

化石能源资源不仅有限，而且同时也是多用途的宝贵资源。煤炭、石油、天然气除作为燃料使用外，就经济价值而言，作为化工原料更为合理。剖析这些物质的成分，它们都属于碳氢化合物，是有机合成的好原料，可以制造合成纤维、塑料、橡胶和化肥等等。如果我们今天把这些宝贵资源都燃烧掉，将来子孙后代搞化工合成就没有原料了，岂不要遭后人唾骂？因此，为了满足人们各方面的需要，珍惜有限的自然资源，人类应有长远的考虑。

如果 20 世纪 70 年代节约使用化石能源，是从防止世界产生石油危机考虑，进入 20 世纪 90 年代以后，则不仅是考虑不可再生能源资源的问题，而且更突出的是世界环境保护问题。例如大气中二氧化碳含量的增加，对温室效应和全球气候恶化产生的影响。

1992 年 6 月，联合国在巴西的里约热内卢召开了世界环境与发展大会，许多国家元首和政府首脑出席了会议，会上发表了《关于环境与发展的里约热内卢宣言》，并提出了《21世纪议程》。我国人口多，人均能耗和二氧化碳排放量虽低于外国，但是绝对排放量却居世界第三位，当然不可忽视。亚洲地区新兴国家较多，能源消耗量大，到2010年，亚洲总能耗比1992年翻了一番，届时二氧化碳的排放量将占全球的四分之一，直接导致的环境问题更为严重。不仅二氧化碳的排放量在直线上升，其实二氧化硫的排放量也令人忧虑，我国几乎40%的国土面积受到酸雨的威胁。主要是因燃煤过多而使二氧化硫的排放量过高引起的。酸雨对农林业影响巨大，仅南方江浙等7省，因酸雨减产的农田就达1.5亿亩，年经济损失约37亿元；森林受害面积128亿平方米，林业及生态效益损失约54亿元。这难道不惊人吗？所以说，没有远虑，必有近忧。现在国际上每年都有能源环境方面的会议，对于使用化石能源的排放标准已有许多限制议案。人们越来越关心这个热门话题，世界各国能源与环境政策制定者正在研究对策。关键还是要在技术上采取必要措施。工业革命时期，工厂的烟囱林立，人们把烟雾腾腾的伦敦称为"雾都"。然而现在世界上究竟有多少个雾都？

在20世纪，能源与环境是人类迫切需要解决的问题，它直接影响到世界生态平衡和人类的可持续发展。现在国际上许多国家政府都把《21世纪议程》当作制定政策的依据。各方面的科学家和工程技术人员都把注意力集中到人类迫切需要解决能源问题的焦点上，为了人类生存发展的共同目的，进行广泛的国际科技合作，攻克难关，创造更美好的明天。《关于环境与发展的里约热内卢宣言》提出："保护和恢复地球生态，防止环境退化，各国共担责任。"中国在《21世纪议程》中提出："综合能源规划与管理，提高能源效率和节能，推广少污染的煤炭开采技术和清洁煤技术，开发利用新能源和可再生能源。"

最近几十年以来，人们经常可以在传媒中看到"能源危机"的警示。所谓"能源危机"，是指现在人类所使用的主要能源（化石能源）耗尽时，还没有找到足够替代能源这样一种危险。

能源危机的提出，主要是基于这样两个事实——能源消耗量的直线上升及化石能源的逐渐枯竭。据统计，2000年全世界的能源使用量比1900年大了30倍，这一统计还是属于比较保守的。

由于世界人口的三分之二生活在发展中国家，他们平均每人的能源消耗只等于富裕地区市民的八分之一，他们正在大力工业化，能耗量增长极快，他们有权利要求避免繁重的劳动和单调的工作，而要做到这一点，就需要"能源奴隶"来代替。

早在 20 世纪 40 年代，曾有人做过一项估算，那时每个美国人使用的动力如果产生于体力劳动，则相当于古代 150 个奴隶的劳动量；20 世纪 70 年代，这个数字已增到将近 400 个奴隶；至 2000 年则推进到 1000 个。这些能量所做的，就是过去奴隶曾做的劳动，如烧饭、送人往来、打扇、司炉、浆洗衣物、清除垃圾、演奏音乐以及其他家务劳动。现在干这些劳动的不再是人力，而是用机器来代替了，正是这些机器，代替了人的劳动，消耗了动力，消耗了能源。随着人口的增加，生活需求的增长，对能源的需求量也必将猛增，能源供应的短缺将给人类带来困难。

煤炭、石油、天然气等能源在地壳中的蕴藏量究竟有多大？虽然说法不一，但无论如何总是有限的，连续不断地大量消耗下去，不可避免地会有一天要枯竭，这是历史的必然。

有人估计，人类到 2112 年时将会消耗掉煤蕴藏量的一半，到 2400 年，地球上的煤将会全部用光。石油怎样呢？虽然它的开采时间不过 100 多年的历史，但人们已经感到"石油枯竭"的威胁。今天人们所说的"能源危机"，实际上就是"石油危机"。世界石油蕴藏量究竟还有多少呢？据土耳其权威的《石油》杂志 1993 年初的估计，大约还值 192840 亿美元，仅够用至 2033 年前后。依 20 世纪 90 年代石油每桶 20 美元计算，世界原油蕴藏量约值 20 万亿美元，其中绝大部分集中在中东地区，以沙特阿拉伯最多，约值 5.15 万亿美元；伊拉克次之，值 2 万亿美元；阿拉伯联合酋长国排名第三，有 1.9 万亿美元；第四是科威特，有 1.89 万亿美元。原油蕴藏量较多的其他国家依次是伊朗、委内瑞拉、前苏联、墨西哥，美国排名第九，蕴藏量约值 5230 亿美元，中国有 2000 亿美元蕴藏量，尼日利亚 3400 亿美元，印尼 2200 亿美元，加拿大、挪威、印度各有 1000 亿美元。

总之，在今后几十年内，世界石油的绝大部分将被耗尽，到那时，人类将不得不转而起用其他能源。

知识点

工业革命

　　工业革命，又称产业革命，发源于英格兰中部地区，是指资本主义工业化的早期历程，即资本主义生产完成了从工场手工业向机器大工业过渡的阶段。工业革命是以机器取代人力，以大规模工厂化生产取代个体工场手工生产的一场生产与科技革命。由于机器的发明及运用成为了这个时代的标志，因此历史学家称这个时代为"机器时代"。18世纪中叶，英国人瓦特改良蒸汽机之后，由一系列技术革命引起了从手工劳动向动力机器生产转变的重大飞跃。随后向英国乃至整个欧洲大陆传播，19世纪传至北美。后来，工业革命传播到世界各国。

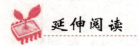延伸阅读

低碳生活方式

　　开车还是骑自行车？穿棉布衣服还是化纤衣服？坐电梯还是爬楼梯？以前这只是一个随机的选择，如今在一部分国人眼里，则是严肃的生活态度问题，因为他们追求的是低碳生活方式，这种生活方式简而言之就是通过日常生活中的每个细小改变来减少温室气体二氧化碳的排放。

　　有人说："我更喜欢棉布衣服。因为生产化纤衣服要消费更多的石油和能源，排放更多的二氧化碳，这是不环保的。"

　　还有人有这样的认识："我个人能做的都是小事，但是如果每个人都能够选择低碳的生活方式，效果就是巨大的。"

　　其实，低碳生活方式就是传统的生活方式。节约一向是传统美德。可是现在，人们崇尚消费主义，总想赚更多的钱，住更大的房子，开更好的车子。当今中国人应重拾传统哲学提倡的"天人合一"的理念。

水资源短缺

　　生命的形成离不开水，水是生物的主体，生物体内含水量占体重的60%～80%，甚至90%以上。水是生命原生质的组成部分，并参与细胞的新陈代谢，还是生物体内外生物化学发生的介质。因此，一切生命都离不开水。水与生物以各种方式相互作用。在一个区域范围内，水是决定植被群落和生产力的关键因素之一，还可以决定动物群落的类型、动物行为等。

　　水与人类的关系非常密切，不论是生活或是生产活动都离不开水这一宝贵的自然资源，水既是人体的重要组成，又是人体新陈代谢的介质，人体的水含量占体重的三分之二，维持人类正常的生理代谢，每天每人至少需要2～3升水。工业生产、农田灌溉、城市生活都需要消耗大量的水。水是人类赖以生存的命脉。

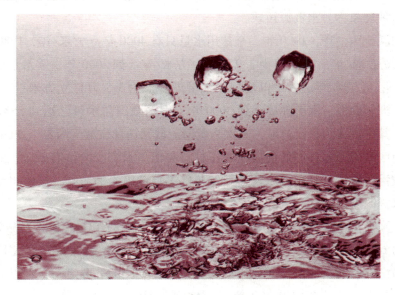

水

　　储存于地球的总储水量约13.86万亿立方千米，其中海洋水为13.38万亿立方千米，约占全球总水量的96.5%。在余下的水量中地表水占1.78%，

RANG DITAN JIANPAI SHENRU WOMEN DE SHENGHUO

地下水占 1.69% 。人类主要利用的淡水约 14 亿立方千米，在全球总储水量中只占 2.53% 。它们少部分分布在湖泊、河流、土壤和地表以下浅层地下水中，大部分则以冰川、永久积雪和多年冻土的形式储存。其中冰川储水量约 24×10 亿立方米，约占世界淡水总量的 69% ，大都储存在南极和格陵兰地区。真正能够被人类直接利用的淡水资源仅占全球总水量的 0.796% 。从水量动态平衡的观点来看，某一期间的水量消耗量接近于该期间的水量补给量，否则将会破坏水平衡，造成一系列不良的环境问题。可见，水循环过程是无限的，水资源的蓄存量是有限的，并非用之不尽，取之不竭。

水资源的分配是不平均的，约占世界人口总数 40% 的 80 个国家和地区约 15 亿人口淡水不足，其中 26 个国家约 3 亿人极度缺水。更可怕的是，预计到 2025 年，世界上将会有 30 亿人面临缺水，40 个国家和地区淡水严重不足。

随着经济的发展和人口的增加，人类对水资源的需求不断增加，再加上存在对水资源的不合理开采和利用，很多国家和地区出现不同程度的缺水问题，这种现象称为水资源短缺。

据联合国估计，1900 年，全球用水量只有 4000 亿立方米/年，1980 年为 3 万亿立方米/年，1985 年为 3.9 万亿立方米/年。到 2000 年，需水量已增加到 6 万亿立方米/年。其中以亚洲用水量最多，达 3.2 万亿立方米/年，其次为北美洲、欧洲、南美洲等。到 2000 年，中国全国需水量已达到 5531 亿立方米。其中最多为长江流域，其次为黄河流域和珠江流域。随着生产的发展，不少地区和国家水资源的供需矛盾正日益突出。水资源的供需矛盾，既受水资源数量、质量、分布规律及其开发条件等自然因素的影响，同时也受各部门对水资源需求的社会经济因素的制约。

中国是个严重贫水的国家。淡水资源总量为 2.8 万亿立方米，占全球水资源的 6% ，仅次于巴西、俄罗斯和加拿大，居世界第四位，但人均只有 2300 立方米，仅为世界平均水平的四分之一、美国的五分之一，在世界上名列一百二十一位，全国有 300 座城市缺水，因缺水全国城市工业每年损失 1200 亿元，是全球 13 个人均水资源最贫乏的国家之一。缺水状况在我国普遍存在，并且有不断加剧的趋势。全国约有 670 个城市中，一半以上存在着不同程度的缺水现象。其中严重缺水的有 110 多个。我国水资源总量虽然较多，但人均量并不丰富。水资源的特点是地区分布不均，水土资源组合不平衡；年内分配集中，年际变化大；连丰连枯年份比较突出；河流的泥沙淤积严重。这些特点造成了我国容易发生水旱灾害，水的供需产生矛盾，这也决定了我国对水资源的开发利用、江河整治的任务十分艰巨。

造成我国水污染的原因很多，其中最主要的是工业废水和城市污水未能得到有效处理。自 1985 年以来，我国废水年排放总量一直维持在 350 亿～400 亿吨，1997 年废水排放量达到最高值 416 亿吨，其中工业废水排放量 227 亿吨，市政污水排放量 189 亿吨。废水中化学需氧量（COD）排放量达

水危机

1757 万吨，其中工业废水 COD 排放量 1073 万吨，市政污水 COD 排放量 684 万吨。但我国的废水处理率一直很低，城市污水处理率一直小于 15%，工业废水处理达标率也在 70% 以下，大部分废水未经任何处理或处理不达标就排放到江河湖泊等受纳水体。

另外一个原因造成目前我国水资源短缺的原因就是浪费水资源现象严重，公民节约意识还不强列。在日常生活中，一些建筑工地浪费水的现象较为突出，常常是几个水龙头不停地拧开，任由自来水哗哗地流个不停；一些不负责任的人整晚拧开水龙头，任水一泻而出，这些浪费水的现象屡见不鲜。而污染水源的现象也比较突出。一些生活在江河边的市民，缺乏应有的公民道德，为一时的方便，经常把一些生活垃圾抛弃在河道里；一些人还把用完的农药瓶、除草剂瓶等随便丢弃在河道里。

如今全球的水循环已大大偏离了它的自然状态，水的流动已发生了显著的变化。人口迅速增长，加快了对水资源的消耗，工农业生产发展严重污染了水体，森林破坏改变了蒸发和径流方向等，这些人类活动造成了水资源的严重破坏，使世界面临着水危机。

对于水资源短缺问题的解决，最有前景的应该是开发那些不可用水。比如海水淡化，地下水的开发和采集，以及两极冰川的利用。其实，地球上水资源的量是很足够的，我们所说的水资源短缺仅仅是指淡水的，或者说可随意利用的水资源稀缺。所以，变不可用水为可用水是一大方法。另外，号召人们解决用水和重复利用也是一个办法，一定要养成节约用水的习惯。

长期以来，人们普遍认为水"取之不尽，用之不竭"，不知道爱惜，有的甚至将水白白浪费。应当知道我国水资源人均量并不丰富，地区分布也不均匀，而且年际差别很大，年内也变化莫测，再加上污染，使水资源紧缺，自来水更加来之不易。爱惜水是节水的基础，只有意识到"节约水光荣，浪费水可耻"，才能时时处处注意节水。

据分析，家庭只要注意改掉不良的习惯，就能节水 70% 左右。与浪费水有关的习惯很多，比如：用抽水马桶冲掉烟头和碎细废物；为了接一杯热水，而白白放掉许多冷水；先洗土豆、胡萝卜后削皮，或冲洗之后再择蔬菜；用水时的间断（开门接客人，接电话，改变电视机频道时），未关水龙头；停水期间，忘记关水龙头；洗手、洗脸、刷牙时，让水一直流着；睡觉之前、出门之前，不检查水龙头；设备漏水，不及时修好。

总之，世界的水资源短缺和水污染严重的问题目前很严重，形势不容乐观。前面还有很长的路需要我们走，我们应该走可持续发展的道路，不能让世界的最后一滴水是我们自己的眼泪。保护水资源要从我做起，保护水资源就是保护人类自己。

知识点

水循环

水循环是地球上的水从地表蒸发，凝结成云，降水到径流，积累到土中或水域，再次蒸发，进行周而复始的循环过程。

水循环是联系地球各圈和各种水体的"纽带"，是"调节器"，它调节了地球各圈层之间的能量，对冷暖气候变化起到了重要的因素。水循环是"雕塑家"，它通过侵蚀，搬运和堆积，塑造了丰富多彩的地表形象。水循环是"传输带"，它是地表物质迁移的强大动力和主要载体。更重要的是，通过水循环，海洋不断向陆地输送淡水，补充和更新陆地上的淡水资源，从而使水成为了可再生的资源。

延伸阅读

人生如水

人生之初，碧水清清。有如山脚甘冽的泉，又如林中盘桓的溪。也许有不羁的砾石，也许有淘气的泥沙，待到风静浪息，仍是清澈见底。

少年的人生，初更人事，仿佛山涧奔流的小河，无缰的马驹般，跳跃奔腾，迈着浮躁的步，抚着跌痛的伤，向前，向前，永无止息。

待到情窦初开，正如那桃花流水，好奇地流连着沿途的风光。在别的河川徘徊，与其他的小溪携手，或浩浩荡荡，或婉转迷离，乍合忽分，沉迷于两岸的风景绮丽。

中年的人生啊，宛若那浩荡的江水，奔流向海，洋洋不息。天空中有翠鸟的欢唱，浅滩有白鹭的低语。自我约束者，承载万舟千帆，滋润沃土良田。放纵不羁者，堤垮岸崩，使民众或为鱼鳖。

待到韶华已逝，便似东流入海。日日沐浴着日辉月华，时时聆听鸥鸟歌唱。海风习习，潮落潮生，生命便在这涨涨消消中永恒。

垃圾分类

我们每个人每天都会扔出许多垃圾，你知道这些垃圾它们到哪里去了吗？它们通常是先被送到堆放场，然后再送去填埋。垃圾填埋的费用是非常高昂的，处理一吨垃圾的费用为450元至600元人民币。人们大量地消耗资源，大规模生产，大量地消费，又大量地生产着垃圾。难道，我们对待垃圾就束手无策了吗？其实，办法是有的，这就是垃圾分类。垃圾分类就是在源头将垃圾分类投放，并通过分类的清运和回收使之重新变成资源。

从国内外各城市对生活垃圾分类的方法来看，大致都是根据垃圾的成分构成、产生量，结合本地垃圾的资源利用和处理方式来进行分类。如德国一般分为纸、玻璃、金属、塑料等；澳大利亚一般分为可堆肥垃圾，可回收垃圾，不可回收垃圾；等等。

垃圾分类宣传画

如今中国生活垃圾一般可分为四大类：可回收垃圾、厨余垃圾、有害垃圾和其他垃圾。

（1）可回收垃圾。主要包括废纸、塑料、玻璃、金属和布料五大类。废纸：主要包括报纸、期刊、图书、各种包装纸、办公用纸、广告纸、纸盒等等，但是要注意纸巾和厕所纸由于水溶性太强不可回收。塑料：主要包括各种塑料袋、塑料包装物、一次性塑料餐盒和餐具、牙刷、杯子、矿泉水瓶、牙膏皮等。玻璃：主要包括各种玻璃瓶、碎玻璃片、镜子、灯泡、暖瓶等。金属物：主要包括易拉罐、罐头盒等。布料：主要包括废弃衣服、桌布、洗脸巾、书包、鞋等。

（2）厨余垃圾。包括剩菜剩饭、骨头、菜根菜叶、果皮等食品类废物，经生物技术就地处理堆肥，每吨可生产0.3吨有机肥。

（3）有害垃圾。包括废电池、废日光灯管、废水银温度计、过期药品等，这些垃圾需要特殊安全处理。

（4）其他垃圾。包括除上述几类垃圾之外的砖瓦陶瓷、渣土、卫生间废纸、纸巾等难以回收的废弃物，采取卫生填埋可有效减少对地下水、地表水、土壤及空气的污染。

常用的垃圾处理方法主要有：综合利用、卫生填埋、焚烧发电、堆肥、资源返还。通过综合处理回收利用，可以减少污染，节省资源。如每回收1吨废纸可造好纸850公斤，节省木材300公斤，比等量生产减少污染74%；每回收1吨塑料饮料瓶可获得0.7吨二级原料；每回收1吨废钢铁可炼好钢0.9吨，比用矿石冶炼节约成本47%，减少空气污染75%，减少97%的水污染和固体废物。

不过，垃圾处理的方法还大多处于传统的堆放填埋方式，占用上万亩土地；并且虫蝇乱飞，污水四溢，臭气熏天，严重地污染环境。因此进行垃圾分类收集可以减少垃圾处理量和处理设备，降低处理成本，减少土地资源的消耗，具有社会、经济、生态三方面的效益。

垃圾分类处理的优点如下：

（1）减少占地。生活垃圾中有些物质不易降解，使土地受到严重侵蚀。垃圾分类，去掉能回收的、不易降解的物质，减少垃圾数量达60%以上。

（2）减少环境污染。废弃的电池含有金属汞、镉等有毒的物质，会对人类产生严重的危害；土壤中的废塑料会导致农作物减产；抛弃的废塑料被动物误食，导致动物死亡的事故时有发生。因此回收利用可以减少危害。

（3）变废为宝。中国每年使用塑料快餐盒达40亿个，方便面碗5—7亿个，一次性筷子数十亿双，这些占生活垃圾的8%～15%。1吨废塑料可回炼600公斤的柴油。回收1500吨废纸，可免于砍伐用于生产1200吨纸的林木。一吨易拉罐熔化后能结成一吨很好的铝块，可少采20吨铝矿。生产垃圾中有30%～40%可以回收利用，应珍惜这个小本大利的资源。大家也可以利用易拉罐制作笔盒，既环保，又节约资源。

 知识点

有机肥

主要来源于植物和（或）动物，施于土壤以提供植物营养为其主要功能的含碳物料。经生物物质、动植物废弃物、植物残体加工而来，消除了其中的有毒有害物质，富含大量有益物质，包括：多种有机酸、

肽类以及包括氮、磷、钾在内的丰富的营养元素。不仅能为农作物提供全面营养，而且肥效长，可增加和更新土壤有机质，促进微生物繁殖，改善土壤的理化性质和生物活性，是绿色食品生产的主要养分。

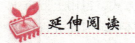 延伸阅读

日本的垃圾分类

日本的垃圾分类精细，回收及时。最大分类有可燃物、不可燃物、资源类、粗大类，有害类，这几类再细分为若干子项目，每个子项目又可分为孙项目，以此类推。可燃类：简单讲就是可以燃烧的，但不包括塑料，橡胶制片。一般剩菜剩饭和一些可燃的生活垃圾都属于可燃垃圾。不可燃类：废旧小家电（电水壶，收录音机）衣物，玩具，陶瓷制品，铁质容器。资源类：报刊、书籍、塑料饮料瓶、玻璃饮料瓶等。粗大类：大的家具、大型电器（电视机、空调）、自行车等。有毒类：电池、荧光灯管、灯泡、水银温度计、油漆桶、过期药品、过期化妆品等。

在回收方面，有的社区摆放着一排分类垃圾箱，有的没有垃圾箱而是规定在每周特定时间把特定垃圾袋放在特定地点，由专人及时拉走。如在东京都港区，每周三、六上午收可燃垃圾，周一上午收不可燃垃圾，周二上午收资源垃圾。很多社区规定早8点之前扔垃圾，有的则放宽到中午，但都是当天就拉走，不致污染环境或引来害虫和乌鸦。

低碳生活之衣食住行篇
DITAN SHENGHUO ZHI YISHI ZHUXING PIAN

　　低碳生活体现在日常的衣食住行当中，少买一件衣服，少吃一餐肉，少用一千克钢材，少开一天车，对我们的意义有多大呢？下面我们来看一组数据：

　　一件 400 克重的 100% 涤纶裤子经过原料采集、生产制作、销售直到消费者手中多次的洗涤、烘干、熨烫后，耗电量约为 200 千瓦时，烧煤供电就会排放出约 47 千克二氧化碳，相当于裤子本身重量的 117 倍。

　　2007 年，诺贝尔和平奖得主 IPCC 主席帕卓里博士在演讲中指出，生产 1 千克的肉，会排放 36.4 千克的二氧化碳。因此，要想低碳生活，就要少吃肉！

　　钢材是住宅装修最常用的材料之一，减少 1 千克装修用钢材，可节能约 0.74 千克标准煤，相应减排二氧化碳 1.9 千克。

　　如果单纯地比较车子，公交车会比轿车消耗更多能量。一般而言，一辆公交车开行 10 公里大约会耗能 100 兆焦耳，而一辆轿车只需要大概 8 兆焦耳的能量。也就是说，公交车耗能是轿车的十几倍多。但是开一天车累积下来，轿车所耗能量就是公交车的成百上千倍了。

"穿"出低碳生活

多穿"纯天然"衣服

天然织物消耗能源较少，所以购买衣服应多选择棉、麻等"纯天然"面料，可减少工业加工或染色过程的污染物排放。

根据环境资源管理公司的计算，一条约 400 克重的涤纶裤，假设它在我国台湾生产原料，在印度尼西亚制作成衣，最后运到英国销售。预定其使用寿命为两年，共用 50℃温水的洗衣机洗涤过 92 次；洗后用烘干机烘干，再平均花两分钟熨烫。这样算来，它"一生"所消耗的能量大约是 200 千瓦时，相当于排放 47 千克二氧化碳，是其自身重量的 117 倍。

相比之下，棉、麻等天然织物不像化纤那样由石油等原料人工合成，因此，消耗的能源和产生的污染物要相对较少。据英国剑桥大学制造研究所的研究，一件 250 克重的纯棉 T 恤在其"一生"中大约排放 7 千克二氧化碳，是其自身重量的 28 倍。

另外天然蚕丝、纯棉、麻类衣物，在生产制作过程中，添加的化学物品相对少，对环境污染相对也少，而且回收利用成本低。

棉服的性价比较高。一般来说，衣物的制作材料，按照价格高低来排序，应该依次是贵重皮毛、羊毛、尼龙、棉、涤纶。棉质手感柔软，夏天穿吸汗能力强，冬天穿则贴身舒适。一件纯棉衣物，如果打理得当，穿三五年都没问题。而且从价格上来说，处于排序的低端位置。所以棉服无论从舒适度、使用时间、环保、健康角度来说，性价比都较高。

在面料的选择上，大麻纤维制成的布料比棉布更环保。墨尔本大学的研究表明：大麻布料对生态的影响比棉布少 50%。用竹纤维和亚麻做的布料也比棉布在生产过程中更节省水和农药。

现在还有许多新的环保材料正在被应用到衣服材质中，比如有机棉、竹纤维、绿色纤维等，这类生态服装原材料采用纯天然，而且往往还包含高科技工艺，价位也会相应较高。如果消费能力具备，也不失为一种选择。

少买不必要的衣服

服装在生产、加工和运输过程中，要消耗大量的能源，同时产生废气、废水等污染物，都会对环境造成一定的影响。在保证生活需要的前提下，每人每年少买一件不必要的衣服，就可节能约 2.5 千克标准煤，相应减排二氧化碳 6.4 千克，如果每年有 2500 万人做到这一点，就可以节能约 6.25 万吨标准煤，减排二氧化碳 16 万吨。要做到少买不必要的衣物，应从以下几方面着手：

细菌发酵生成纯天然面料衣服

（1）穿衣应以大方、简洁、庄重为美，加少量的时尚即可。

（2）在不降低对时尚生活品质追求的同时，尽量减少购买质地不够好、容易遭淘汰的廉价衣物。这些衣服大多因为质地不好，没穿两次就不行了，只好堆在衣柜里，时间一长衣柜里衣服不少，但是真正穿时却发现没有合适的，这就造成了很大的浪费。

（3）慎重购买打折衣服。当遇到打折衣服，不要图便宜而冲动购买，一定要考虑这件衣服自己到底需要不需要，自己家的衣柜里是否有同款式同颜色的衣服，以免重复购买而降低衣服的使用率。

一衣多穿

对于一件衣服要想多穿，巧妙搭配可以把一件衣服当成多件衣服穿，这绝对是最有效的提高衣服利用率的办法。

（1）买衣服时应兼顾到一衣多穿。比如买一件看起来和正装裤子一样的运动裤，既舒服，又可一衣多穿。

（2）买衣服的时候最好能够清理完衣柜之后再决定买什么。

（3）买需要穿而衣柜里没有的衣服。

（4）买衣柜里不能再穿的衣服。

（5）买衣服前要考虑好和现有衣服的配套，或者买套装，以避免单件的衣服因缺配套的而闲置。

（6）买能够混搭的衣服，几件上装和几件下装可以互换搭配。

从二手衣物中淘宝

在 20 世纪八九十年代以前，向灾区捐赠衣物，向亲友赠送衣物，亲友间互换衣物，小孩子穿用大人的衣物改制的衣服，用旧衣物缝制口袋书包，用旧衣物做鞋底，本是再普通不过的事情。但是，现在二手衣服却往往容易让人想起发霉、过时这些不愉快的词。

事实上，在伦敦、纽约与东京，非常流行逛二手商店，买二手货、穿二手衣。

毕竟，从二手衣物中淘宝，可以实现循环利用，减少废弃衣物在销毁和再次生产过程中的耗能及有害物质的排放。

目前，国外的二手店是潮人实现少花钱寻觅个性服饰、大牌服装的好去处。

在国内，还停留在对二手衣物的质疑中。不过，在淘宝以及一些时尚人士聚集的论坛中，二手衣服依然有一定市场。在这里，最受欢迎的是一些名牌衣服，五折也许就能买回家。

那么，如何从二手衣物中淘宝？

（1）用低折扣购买品牌正装。

（2）对于一些品质高档的晚礼服，是一些职业女性出席正式场合必备的服装，但是这种晚礼服平时很少用得上，利用率较低，就可以考虑购买名牌二手晚装。

（3）在朋友圈中互换衣服。

（4）定期参加一些朋友们举办的二手衣物交流专场。朋友衣橱中计划淘汰的，可能正是自己苦苦寻觅的，一般可以根据衣服新旧按照两三折的价格拿下。自己不再需要的衣物，也可以拿去交换或者低价卖出，捞回一点成本也好。

旧衣服再利用

目前，穿旧了的衣服人人都有一大堆，甚至有的只穿了几次的也很多。如果把这些服装送人不好意思，扔了却感到可惜，放着又占地方，那么，该如何利用这些服装呢？

（1）对于不是太旧的衣服，可以考虑洗净后向灾区捐赠。

（2）利用一些时尚元素，比如小饰物，把自己的旧衣做一下改动，说不准就是一件时髦的新款衣服了。

（3）可以把旧牛仔裤剪掉加工成小包。

（4）将不能穿的旧上衣的袖子用来做套袖。

（5）旧裤腿做护腿、护膝。

（6）利用旧衣物做布垫、抹布。

（7）把旧衣物剪成布条做拖布。

（8）把穿旧的内衣用开水煮过、剪开，给婴儿当尿布。

（9）用旧衣服改制书包，或小孩子衣服。

（10）用旧衣服改制玩具、艺术品。

环保保健服装

作为一个崇尚环保的消费者，在为自己选择健康概念的服装时，缺少相关的专业知识在所难免。服装界业内人士为消费者提出了以下识别环保服装的简便方法：

（1）购买印有生态指数指标标签（主要采用禁止规定、限量规定、色牢度等级、主要评价指标等形式）的绿色服装，通过绿色环保认证的服装一般挂有一次性激光全息防伪标识；

（2）色彩鲜艳的服装色牢度不够（容易掉色），沾水触摸一下，如手指上染有颜色，最好不要购买，此外，染色鲜艳的服装应当洗几次再穿；

（3）从健康角度看，浅色服装比深色服装更环保（尤其是贴身内衣），前者的面料生产过程中引入污染因素的机会较少；

（4）对于涂料印花织物，如果印花部分手感很硬，也不适合贴身穿着；

（5）买回家的免熨衬衫和西裤，应洗几次将附着在上面的残留游离甲醛

去除，然后再穿；

（6）不要购买有浓重气味和异味（如霉味、煤油味、鱼腥味及苯类气味等）的服装；

（7）购买外贸服装时谨防购买到因环保原因被国外销售商退货的服装；

（8）选择服装时尽量选择进口面料产品，进口面料（尤其是欧洲、北美等地的产品）通常比国产面料整染工艺要求高，绿色环保标准也比较严格；

（9）选购服装时尽量选择没有衬里的，西服套装等必须有衬里的产品，可选择无黏衬技术产品，因为黏衬需要用胶水，而胶水中通常含有甲醛等溶剂。

（10）买衣服不要贪小便宜，街边小摊的衣服很可能是散流在外的环保指标不合格产品，消费者应尽量到大型商场和品牌店购买经有关部门检验的服装，这样消费首先是对自身健康负责。

环保保健服装主要有以下几种：

（1）多功能保健服。我国已研制成功了一种集抗静电、防电磁波辐射、杀菌保洁及保健为一体的多功能服装。这种多功能服装含有金属网丝、药石纤维等成分，是我国目前最新的高科技环保产品，具有电磁波、微波屏蔽，永久性防静电，杀菌保洁，透气性能好，耐洗涤，耐盐雾腐蚀等特性。由于织物中加入天然矿物远红外功能纤维，在人体体温下能产生远红外线的特殊功能，既能激活人体细胞，又能增强人体抗病免疫力，达到保洁、杀菌、健体效果。

（2）营养服装。近几年，欧洲一些国家开始流行"营养袜裤"。在德国，有一种营养丝袜，丝袜上有一道道条纹，用于贮藏维生素 A、C、E，人走路时通过肌肉吸收营养，从而增强人体活力。发明者说，长期穿着营养丝袜可以改善妇女腿形，减少静脉曲张及其他人体老化现象。另一种儿童营养服装含有可食的维生素等物质，并会随着儿童的成长而"长高"。该服装的领子、腰带、背带、袖子、裤筒都可以调节，能在 5 年内使衣服随孩子长高的身体变宽变长，既舒适轻便，又节约原材料。

（3）磁性服装。英国一家纺织厂把具有一定磁场强度的磁性纤维编织在布里，使布也带有磁性。用这种方法加工出来的服装，充分利用了磁性电力线的磁场作用，使之与人体磁场相一致，可治疗风湿病、高血压病。

低碳鞋

穿着一双舒适且有型的鞋，让自己的足迹踏遍世界的各个角落，相信是不少人的梦想。如果这双鞋还能为保护我们赖以生存的生态环境出一份力，那就更加完美了。

对此，美国某国际知名户外运动品牌最新推出了地球守护者系列鞋。值得纪念的是，这是世界上第一双可经专业分解、回收再利用的鞋，它突破了鞋的传统概念，使你鞋的生命周期终点不再是被丢弃的垃圾，而是可以被重新赋予生命的循环使用物料。

无论是在公司的营运还是产品的设计制造方面，该公司一直致力于守护地球的绿色环保事业。早在十年之前，他们已开始在科尔沁开展种树计划。2010 年 4 月 22 日，时值世界地球日，他们又在北京长城脚下种下象征十年"科尔沁植树项目"的第一百万棵树，代表该公司环保事业承前启后，永续经营的理念；同时宣布正式启动"绿色长城护地球"环保公益活

地球守护者系列鞋

动，号召大家成为地球守护者，共筑万里绿色长城，以抵御沙尘暴以及增加碳补偿，守护我们唯一的地球。

此次地球守护者系列靴款的推出更是进一步将生态环保融入了产品的研发制作细微环节，见证了环保行动的升级和风行。这些靴子以生态环保意识为特色，多个部位都可降解、回收、再利用，努力把商品对地球造成的污染负担降到最低。鞋底采用环保橡胶大底，42% 以回收再利用的废轮胎橡胶制成，为地球消化每年 13 亿个废轮胎的庞大污染与掩埋问题，同时达到鞋底的耐用、耐磨、耐气候变化。当消费者穿着它，经历了人生无数次的精彩探险、准备汰换时，别忘了将它送回任何一间该公司的门店——皮革部分将送到位于多米尼加的工厂翻新；环保橡胶将被送回位于美国佐治亚州的工厂再利用；可拆卸的金属零件可重复使用于新的鞋款或循环再利用；聚酯纤维内里还可

再生利用于新的聚酯纤维商品。"地球保护者"靴子，更新你的绿色环保生活方式，给予你的鞋靴一场重生之旅。

值得一提的是，地球守护者系列 2007 年首度问世时只有两款基本款，但今日却已有超过 40 款。作为时尚追随者的你，完全不用担心这些由可回收再利用材质制成的靴款设计不够精致不够潮流。事实上，它有着充满环保概念和极富现代感的设计——简约低调，质感特别，硬朗的造型风格，是个性化户外休闲运动搭配的绝佳单品。

可以说，"地球守护者"系列把环保和时尚完美地结合在了一起，让你在获得最佳潮流生活体验的同时领悟到原来环保也可以这样酷炫十足。还在犹豫什么，让我们一起成为地球守护者，探索环保之旅吧！

涤 纶

涤纶是合成纤维中的一个重要品种，是我国聚酯纤维的商品名称，美国人称它为"达克纶"。当它在香港市场上出现时，人们根据广东话把它译为"的确良"这一家喻户晓的名称。涤纶的用途很广，大量用于制造衣着面料和工业制品。涤纶具有极优良的定形性能。涤纶纱线或织物经过定形后生成的平挺、蓬松形态或褶裥等，在使用中经多次洗涤，仍能经久不变。涤纶是三大合成纤维中工艺最简单的一种，价格也比较便宜。再加上它有结实耐用、弹性好、不易变形、耐腐蚀、绝缘、挺括、易洗快干等特点，为人们所喜爱。

 延伸阅读

三大合成纤维

聚酰胺（PA，俗称尼龙）是美国 DuPont 公司最先开发用于纤维的树脂，于 1939 年实现工业化。20 世纪 50 年代开始开发和生产注塑制品，以取代金属满足下游工业制品轻量化、降低成本的要求。PA 具有良好的综合性能，包括力学性能、耐热性、耐磨损性、耐化学药品性和自润滑性，且摩擦系数低，有一定的阻燃性，易于加工，适于用玻璃纤维和其他填料填充增强改性，提高性能和扩大应用范围。PA 的品种繁多，有 PA6、PA66、PAll、PAl2、PA46、PA610、PA612、PAl010 等，以及近几年开发的半芳香族尼龙 PA6T 和特种尼龙等很多新品种。

PA 是历史悠久、用途广泛的通用工程塑料，由于尼龙具有很多的特性，因此，在汽车、电气设备、机械部构、交通器材、纺织、造纸机械等方面得到广泛应用。

"吃" 出低碳生活

低碳饮食

什么是低碳饮食呢？1972 年，面对体重普遍超标的美国人，美国医学专家阿特金斯医生提出了这一全新的饮食方式。

这种低碳营养瘦身理论主要有两个方面：一是减少和限制对糖和淀粉的摄入，也就是不吃或少吃糖、米饭和面食等；二是同时增补多种维生素、矿物质、氨基酸等营养素。因为碳水化合物在人体内消化、吸收速度比较快，使人容易产生饥饿感而增加食量，过量的碳水化合物能在人体内转化为脂肪贮存，结果导致体重增加。

碳水化合物主要可分为简单及复合两种。复合碳水化合物主要存

低碳饮食

在于淀粉质食物中，例如谷物、马铃薯和部分蔬菜。简单碳水化合物比复合碳水化合物更易被身体吸收，主要存在于蔗糖、蜜糖、糖果以及水果和奶制品等当中。

可以这么说：肉食是"高碳饮食"，素食是"低碳饮食"。也许您会感到纳闷，素食怎么会与高碳、全球变暖、减排有关？

现在，人类饮食走在一条大量依赖动物肉乳的险道上。不过，人类现在还有机会选择植物性的饮食，以大量地减少人类的碳足迹，以拯救人类与地球。公民在低碳生活实践中最为有效的方式则是改变自己过度食肉的饮食习惯。素食在发展低碳经济中具有重要作用，推广素食既有利于人们的身体健康，又有利于节能减排，倡导素食，是遏制全球气候变暖的最省钱、最有效的方法之一。

现在在美国，每3个人就有1人采用低碳水化合物减肥。在英国，更有300多万肥胖男女对其趋之若鹜。在日本，商家推出的"低碳食品"供不应求。在意大利与西班牙，涌现出了形式多样的"低碳餐馆"与"低碳饮食节"。有时尚专家预言，"低碳时尚"将会主导整个减肥与健美食品市场。

而我们身边的"低碳饮食"者，大都以减肥或控制体重为目的，他们除此之外还制订有健身计划。

环保的有机啤酒

随着环保意识提高，越来越多消费者喜欢选购有机蔬果或肉品，现在连有机啤酒也逐渐普遍。酿造业者表示，有机麦芽成本高是最大考验，若市场需求大刺激供给，就可降低价格。

对于讲究健康、注重环保的现代人来说，没有农药、杀虫剂或化学肥料的有机食品，成为选购日常饮食食材的重要项目。有机水果、蔬菜或肉品，目前在一般美国超市都很容易买到，而有机啤酒则是市场潜力无穷。

波特兰是美国俄勒冈州最大的城市同时也是姆尔特诺默县的县治，位于威拉米特河汇入哥伦比亚河的入河口以南不远的地方。它是美国西北部太平洋地区仅次于西雅图的第二大城市。从2005年起，每年夏天都会在波特兰举办"北美有机啤酒酿造业者节庆"。这场免费参加的年度盛会，不但成为有机啤酒酿造业者拓展业绩的重要舞台，也是波特兰地区民众阖家出游消磨夏日时光的活动。

这项庆典在波特兰地区的公园举行，现场有音乐演奏，营造出轻松欢乐的夏日节庆气氛。年满21岁，达到合法饮酒年龄的民众，在入场处检查身份证件后，就可戴上工作人员发的彩色手环，并以6美元购买1个环保杯。拿着这个杯子，可以前往每个酿酒业者的摊位免费试喝。

参加这项活动的波特兰当地有机啤酒酿造业者马丁指出，现代人对于环保越来越重视，使得有机啤酒也越来越普遍，过去几年来已经看到大幅成长。他指出，自从2005年活动开办，他的业绩到现在成长幅度超过200%。

谈到有机啤酒与一般啤酒的差别，马丁指出，如果把有机啤酒跟一般啤酒放在一起比较，喝起来并不会注意到味道有什么不同，而消费者之所以选择有机啤酒，最主要原因还是环保意识。

酿造有机啤酒不能使用杀虫剂或一般商业肥料，所有肥料都是取自于动物。由于不能使用杀虫剂，因此有机啤酒酿造用的麦芽，都必须生长在冬季气温酷寒地带，才能靠着低温把大麦上的害虫冻死。

马丁分析，符合这样地理、气候条件的有机麦芽培养农场并不多，种植成本相对也较高，对于有机啤酒酿造业者来说，目前面临的最大考验就是如何取得足够的有机麦芽。

但他也乐观地表示，波特兰、西雅图以及美国濒临太平洋的西北岸一带，民众环保意识极高，有机啤酒已越来越流行，预计未来市场需求将持续增加，带动更多农民愿意种植有机谷类，供给量提升将使得成本下降，也会有更多人愿意投入有机啤酒酿造。

前来参加这项庆典的民众威兰杜尔夫表示，他是有机啤酒的爱好者，因为有机啤酒不但好喝，更重要的是没有杀虫剂，可以喝得安心。

低碳餐厅"满堂彩"

无火烹饪，不见厨房，全靠餐桌上的一口"大蒸锅"将菜肴熏蒸而熟。这一看起来有些古怪的"低碳烹饪法"在某市一家餐厅一亮相便为店老板赢得了"满堂彩"，更省下了近一半的能源成本。

"嘀，这菜还是生的就端上来啦？"服务员上菜时，两位顾客忍不住抻着脖子、瞪大了眼睛，服务员手中的菜品"豉香排骨"的排骨还挂着血丝，另

一份端上来的"红烧鲇鱼"则还是生鱼片。服务员笑着把菜品放进桌旁支着的一口双层不锈钢锅，盖上锅盖，不紧不慢地说道："这些都是经过粗加工、喂好料的原料，就在您面前烹饪。稍等20分钟，菜就好了。"

环顾左右，每个餐桌上都摆着一口貌似"大笼屉"的"蒸锅"，里面最多可放三层菜品同时加工。客人较多的大餐桌上，怕一口锅烹饪慢，会摆上两到三口大锅，多道菜可以同时"出炉"。敢情这个餐厅没有"热火朝天"的后厨，所有菜品，都靠餐桌边的大锅"蒸"。

餐馆老板说，蒸锅的学名叫"高科技中空低碳气锅"，已经申请了国家专利，是他们店的"法宝"，目前在市场上还没有销售。餐厅菜单上的30多道热菜全都是根据"低碳锅"的特点量身打造的。老板透露，还有20道"低碳菜品"也已"设计"完毕，不久便会更新菜单。

留意看，不锈钢蒸锅的底盘上对各类食材所需要的烹饪时间都有明确标识，顾客点菜后，服务员把半成品菜肴倒进锅里，在高温蒸汽的"包围"下，一盘菜品用不了几分钟就能出锅。由于烹饪过程特别"标准化"，连"掂大勺"的厨师都省了。而且因为蒸锅密闭，并不会闹得餐厅里热气腾腾的，似乎比吃火锅还"凉爽"些。

"一口锅功率1000瓦，而且不用长时间连续加热，比一般的电磁炉省电多了。"老板透露了自己的"小算盘"："一般的小餐馆每天煤气费大约要500元，一个月下来1.5万元左右。我们现在400多平方米的店面花费的电费还不足万元，省了近一半呢。"

 知识点

维生素

维生素又称维他命，是人和动物为维持正常的生理功能而必需从食物中获得的一类微量有机物质，在人体生长、代谢、发育过程中发挥着重要的作用。各种维生素性质不同，却有着共同点：①维生素均以维生素原的形式存在于食物中。②维生素不是构成机体组织和细胞的组成成

分，它也不会产生能量，它的作用主要是参与机体代谢的调节。③大多数的维生素，机体不能合成或合成量不足，不能满足机体的需要，必须经常通过食物中获得。④人体对维生素的需要量很小，日需要量常以毫克或微克计算，但一旦缺乏就会引发相应的维生素缺乏症，对人体健康造成损害。

延伸阅读

被最早提纯的维生素 B_1

B_1 是最早被人们提纯的维生素，1896年荷兰王国科学家伊克曼首先发现，1910年为波兰化学家丰克从米糠中提取和提纯。它是白色粉末，易溶于水，遇碱易分解。它的生理功能是能增进食欲，维持神经正常活动等，缺少它会得脚气病、神经性皮炎等。成人每天需摄入2毫克。它广泛存在于米糠、蛋黄、牛奶、番茄等食物中，目前已能由人工合成。因其分子中含有硫及氨基，故称为硫胺素，又称抗脚气病维生素。它还有抑制胆碱酯酶活性的作用，缺乏维生素 B_1 时此酶活性过高，乙酰胆碱（神经递质之一）大量破坏使神经传导受到影响，可造成胃肠蠕动缓慢，消化道分泌减少，食欲不振、消化不良等障碍。

装修环保材料

环保地板

环保地板不仅是低能耗，而且在所有的生产环节中处处体现出节能降耗，减碳化碳，充分展现环保核心。

（1）利用先进生产技术生产的产品。碳排放与能源消耗成正比。高能耗代表着高碳排放，只有利用先进的生产技术的企业，才能保证在生产过程中

环保地板

最大限度的降低能源消耗。

（2）生产车间需设置回收流水线的企业生产的产品。对于那些在生产车间建立废弃物回收流水线，将生产过程中产生的边角料、木尘屑进行聚拢回收，加以再利用的企业，其生产的产品才真正地降低材料损耗。

（3）追求原材料的可持续性再生的企业生产的产品。森林认证作为促进森林可持续经营的一种市场机制已经在世界范围内广泛开展，特别是欧洲和北美国家的消费者普遍要求在市场上销售的木材产品应贴有经过认证的标签，以证明他们所购买的木材产品源自可持续经营的森林。所以在采购地板时要购买通过国际森林认证企业的地板。

环保涂料

环保涂料是指涂料产品的性能指标、安全指标在符合各自产品标准的前提下，符合国家环境标志产品提出的技术要求的涂料产品，称为环保涂料的涂料产品亦称为绿色产品。国家《环境标志产品技术要求水性涂料》对环保型涂料的基本要求是：产品中的挥发性有机物含量应小于 250 克/升；产品生产过程中，不得人为添加含有重金属的化合物，总含量应小于 500 毫克/千克，以铅计；产品生产过程中不得人为添加甲醛及甲醛的聚合物，含量应小于 500 毫克/千克。

不管是达标涂料、环保涂料，还是绿色涂料，首先必须符合国家关于有害物质的限量标准。应该说，符合标准的涂料是安全的。虽然涂料中的挥发性有机物对人体有害，但它有一个量的问题，只要挥发性有机物在限量范围之内，就不足以对人体造成太大的伤害，消费者完全不必谈挥发性有机物色变。

购买涂料时一定要选择知名品牌的产品，这样才能保证自身和家人的使用安全。

选择时要认真看清楚产品的质量合格检测报告；观察铁桶的接缝处有没有锈蚀、渗漏现象；注意铁桶上的明示标识是否齐全；对于进口涂料，最好选择有中文标识及说明的产品；非环保型的涂料，由于挥发性有机物、甲醛等有害物质超标，大多有刺鼻的异味，购买时如果闻到刺激性气味，那么就需要谨慎选择。此外，最好不要购买添加了香精的涂料，因为添加剂本身就是一种化工产品，很难环保。

如果可能的话，请销售商打开涂料桶，亲自检测一下。如果出现严重的分层现象，表明质量较差；用棍轻轻搅动，抬起后，涂料在棍上停留时间较长、覆盖均匀，说明质量较好；用手蘸一点，待干后，用清水很难洗掉的为好；用手轻捻，越细腻越好。

环保石材

选购环保石材要用肉眼观察石材的表面结构，一般来说，均匀的细料结构石材具有细腻的质感，为石材之佳品，粗粒及不等粒结构的石材其外观质量较差。量一下石材的尺寸规格，质量较好的石材尺寸误差小、翘曲少、表面平整。石材的敲击声，致密坚固的石材声音清脆悦耳，若内部有裂纹则声音粗哑。用墨水检测质量，在石材的背面滴一滴墨水，如其很快四处分散浸出，表示石材质量不好，反之，如墨水在原处不动，说明石材致密，质地好。家装中石材一般使用面积较小，石材的放射性不会对人体造成损害。但为了放心，选购石材时要看看有没有放射性的安全许可证，根据石材的放射等级进行选择。石材的颜色、规格尺寸等选购时要结合木制品的色彩、房间尺寸大小等来选择，以达到和谐统一。

中空玻璃

中空玻璃是由两片或多片浮法玻璃组合而成的。玻璃片之间夹有充填了干燥剂的铝合金框，铝合金框与玻璃之间用丁基胶黏接密封后再用聚硫胶或结构胶密封。空气的热传导率非常低，干燥的空气被密封在两层玻璃之间，此合成的中空玻璃能有效地直接阻断热量传导的流失，从而达到节能、防结露、隔音、防紫外线等效果。

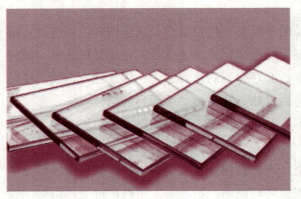

中空玻璃

中空玻璃有双层和多层之分。可以根据要求选用各种不同性能的玻璃原片，如普通平板玻璃、压花玻璃、彩色玻璃、夹丝玻璃等与边框（金属框架或玻璃条等）经胶接、焊接或熔结而制成。

中空玻璃主要用于需要采暖、空调、防止噪声或结露以及需要无直射阳光和特殊光的建筑物上，广泛用于住宅、饭店、宾馆、办公楼、学校、医院、商店等需要室内空调的场所，也可用于火车、汽车、轮船的门窗等处。

国内外的实践证明，提高建筑物围护结构的保温性能，特别是提高窗户的保温性能是防止建筑物热量散失的最经济、最有效的方法。中空玻璃在建筑上的应用起到了关键的作用。据美国资料报道，高层办公楼采用银灰色中空玻璃窗每平方英尺每年采暖能耗为 5494kJ，比用单层玻璃窗节能约三分之二（单层玻璃窗每平方英尺每年采暖能耗为 17775kJ）。

随着我国国民经济的发展，国家对环境保护、节能、改善居住条件等问题要求越来越高，相应地制定了一批技术法规。1995 年修订的《民用建筑节能设计标准》（JGJ 26095，以下简称新标准）要求建筑物采暖能耗比 20 世纪 80 年代的标准降低 50%（其中建筑物承担 30%，采暖系统承担 20%），对建筑物围护结构材料和门窗的传热系数提出了新的要求。

目前我国建筑业使用中空玻璃的主要问题是建筑造价增加。建筑造价的增加可以很快从节能中收回。规划部门所做的建筑物使用中空玻璃的技术经济计算结果表明，在我国寒冷地区（东北、内蒙古）使用中空玻璃取得的节能效果，在 4—5 年内就可补偿增加的建筑造价。

泡沫玻璃

泡沫玻璃以其无机硅酸盐材质和独立的封闭微小气孔结构，集传统保温隔热材料之优势于一身，具有密度小、强度高、导热系数小、不吸湿、不透气、不燃烧、防啮防蛀、耐酸耐碱、无放射性、化学性能稳定，既可保冷又可保温，易加工且不易变形等特点。在恶劣环境（低温、超低温、高温、高低温交替变换及潮湿环境）中均可使用，不但安全可靠，而且经久耐用，被誉为"不用更换的永久性隔热材料"。同时，因其长年使用也不会变质，材料本身又能起到防火防震的作用，故被广泛应用于石化、轻工、造船、冷藏、建筑、环保、地下工程、国防军工等领域。作为一种无机硅酸盐制品，泡沫玻璃既是一种高性能的保温材料，又是一种性能优良的隔音材料。据报道，泡沫玻璃隔热材料可用于 -200℃~450℃ 的广泛温度范围内的隔热和隔冷工程上。而彩色泡沫玻璃不仅能起到吸音的效果，还能对建筑物起到一定的装饰效果，它不仅可用作室内装饰吸音，同时还可在室外环境中应用。

真空玻璃

真空玻璃在大部分音域的隔音性能优于中空玻璃。中空玻璃平均衰减噪声为 28 分贝，真空玻璃平均可使噪声降低 30 分贝以上。真空玻璃抗风压等级 1 级，是中空玻璃的 1.5 倍，可用于高层建筑。真空玻璃窗透光抗减系数优于中空玻璃。真空玻璃窗保温性能力 11 级。以北京地区为例，与采用双层玻璃相比，采用真空玻璃后，建筑物节能率由 36.2% 提高到 42.7%，以每年 100 万平方米建筑为例，单是窗户采用真空玻璃塑钢窗，每年节约采暖能耗就达 1220 吨标准煤，可以大幅度提高窗户保温性能及建筑节能效果，为我国建筑节能赶上先进国家水平创造了条件。

低碳钢

低碳钢，含碳量从 0.10%~0.30% 低碳钢易于接受各种加工，如锻造、焊接和切削，常用于制造链条、铆钉、螺栓、轴等。碳含量低于 0.25% 的碳素钢，因其强度低、硬度低而软，故又称软钢。低碳钢退火组织为铁素体和少量珠光体，其强度和硬度较低，塑性和韧性较好。因此，其冷成形性良好，

RANG DITAN JIANPAI SHENRU WOMEN DE SHENGHUO

可采用卷边、折弯、冲压等方法进行冷成形。这种钢材具有良好的焊接性。碳含量很低的低碳钢硬度很低，切削加工性不佳，正火处理可以改善其切削加工性。

低碳钢有较大的时效倾向，既有淬火时效倾向，还有形变时效倾向。当钢从高温较快冷却时，铁素体刮碳、氮过饱和，它在常温也能缓慢地形成铁的碳氮物，因而钢的强度和硬度提高，而塑性和韧性降低，这种现象称为淬火时效。低碳钢即使不淬火而空冷也会产生时效。低碳钢经形变产生大量位错，铁素体中自碳、氮原子与位错发生弹性交互作用，碳、氮原子聚集在位错线周围。这种碳、氮原子与位错线的结合体称柯氏气团（柯垂耳气团）。它会使钢的强度和硬度提高而塑性和韧性降低，这种现象称为形变时效。形变时要比淬火时效对低碳钢的塑性和韧性有更大的危害性，在低碳钢的拉伸曲线上有明显的上、下两个屈服点。自上屈服点出现直到屈服延伸结束，在试样表面出现由于不均匀变形而形成的表面皱褶带，称为吕德斯带。不少冲压件往往因此而报废。其防止方法有两种。一种高预形变法，预形变的钢放置一段时间后冲压时也会产生吕德斯带，因此预形变的钢在冲压之前放置时间不宜过长。另一种是钢中加入铝或钛，使其与氮形成稳定的化合物，防止形成柯氏气团引起的形变时效。

低碳钢一般轧成角钢、槽钢、工字钢、钢管、钢带或钢板，用于制作各种建筑构件、容器、箱体、炉体和农机具等。优质低碳钢轧成薄板，制作汽车驾驶室、发动机罩等深冲制品；还轧成棒材，用于制作强度要求不高的机械零件。低碳钢在使用前一般不经热处理，碳含量在0.15%以上的经渗碳或氰化处理，用于要求表层温度高、耐磨性好的轴、轴套、链轮等零件。低碳钢由于强度较低，使用受到限制。适当增加碳钢中锰含量，并加入微量钒、钛、铌等合金元素，可大大提高钢的强度。若降低钢中碳含量并加入少量铝、少量硼和碳化物形成元素，则可得到超低碳贝氏体组够其强度很高，并保持较好的塑性和韧性。

原先由于低碳钢固有的特性，使其使用范围大大受到局限，随着国内一些新技术在钢铁行业的应用，低碳钢的许多新兴用途得到了很好的开发利用，目前国内一些大型钢厂或钢铁贸易公司都积极地与国内的大型吊索具企业密切合作，共同开发出一系列高技术高精密高质量的索具产品，在国内乃至全球的索具行业，起到了很好的技术推动作用，其中堪称典范的是普瑞钢铁与河北长江中远吊索具有限公司的深度合作，它们研发的一系列产品，许多在行业中都获得了较高的评价。这也给我们对低碳钢的综合利用，指明了新的道路。

知识点

放射性

某些元素的原子通过核衰变自发地放出 α、β 或 γ 射线的性质，称为放射性。按原子核是否稳定，可把核素分为稳定性核素和放射性核素两类。一种元素的原子核自发地放出某种射线而转变成别种元素的原子核的现象，称作放射性衰变。能发生放射性衰变的核素，称为放射性核素（或称放射性同位素）。在目前已发现的 100 多种元素中，约有 2600 多种核素。其中稳定性核素仅有 280 多种，属于 81 种元素。放射性核素有 2300 多种，又可分为天然放射性核素和人工放射性核素两大类。放射性是 1896 年法国物理学家贝克勒尔在研究铀的过程中发现的。由此打开了原子核物理学的大门。

延伸阅读

室内环境试验舱

如果您对买来的家具、涂料、装修材料是否环保不放心，把它们送到室内环境试验舱的玻璃屋子里放 1 个小时就能知道。

这个试验舱六面全部由玻璃密封而成，里面摆着一张床、一个衣柜和一个床头柜，全部是崭新的。靠近外侧的一面墙上伸出 4 根玻璃管子，不断采集室内空气输送到屋子外面的大气采样仪中。为了让玻璃屋子里空气更均匀，天花板上还吊着一个不停转动的电风扇对空气进行搅拌，床围的木质、衣柜上涂的漆、家具黏合处的胶都逃不过采样的吸管。工作人员根据大气采样仪中的数据，可以测试出屋子里家具的甲醛、苯、TVOC（总挥发性有机化合物）等有害物质释放量是否超标。

试验舱可以测定木制地板、地毯、壁纸和家具中的甲醛释放量，也可以测出苯、甲苯、二甲苯、TVOC、氨、氡等 7 种室内环境中的有害物质释放量。待检物品在舱里放 1 个小时采样，就可以在 3 天后拿到试验室的检测报告了。

建房装修要注意

营造绿色室内环境

一般而言，要做到绿色环保装修就必须达到绿色室内环境。所谓绿色室内环境是指无污染、无公害、有助于消费者身体健康的室内环境。要求在室内环境的建筑和设计装饰中，不仅满足消费者的生存和审美要求，还要满足消费者的安全、健康要求。

绿色室内环境

要创造一个健康环保的家居生活空间，应该从以下五个方面入手。

（1）室内装修装饰设计应该合理化。室内装修装饰设计应依照简捷、实用的原则，不宜华而不实。要合理地营造一个健康、环保的适合居住的生活空间，不仅要考虑居室的功能分区，还要尽可能地创造联系紧密又分区明确、相互独立、互不干扰的室内空间。各个居室空间比例的协调、线条的运用、几何图形的选择，都要适合人类的视觉习惯及居住习惯。

（2）装修材料应选用绿色环保材料。很多装修材料，如胶合板、细木工板、中密度板、木地板及壁纸、地毯、油漆、涂料等都有会释放出甲醛、氨、苯等危害人体健康的挥发性有毒物质。在选用材料时，尽量选择符合国家环保规定的材料，减少使用劣质材料。因为环保材料也会含有有毒物质，只是达到限量的标准而已。

（3）应该合理制造采光及通风环境。光污染是现代居室污染的一个方面，市区内不要用玻璃幕墙就是出于避免光污染的考虑。由于现在很多房子的户型设计都不是很完善。譬如对西向的强烈的阳光照射。在室内设计时，尽可能不要遮挡自然采光和通风，当自然采光不足时，就应增加柔和的人工照明；如果自然通风不足，那就应增加强制机械通风设备，如换气扇等。在室内污染较严重的空间，如厨房、卫生间等处必须增加机械通风装置，如果有条件还可安装空气清新机等设备。

（4）尽量降低施工污染。在施工时，消费者要选用无毒、少毒、无污染的施工工艺，特别是一些已经被实践证明容易造成室内环境污染的施工工艺，并且加强施工现场的管理，降低施工中粉尘、噪声、废气、废水对环境的污染和破坏，并尽量减少在现场施工的项目，例如床、床头柜等可在工厂加工，以减少施工污染。

（5）正确选用绿色植物。很多消费者在装修完毕入住新家后，喜欢摆放一些不同样式的花卉。但是并非所有植物都适合摆设的。

婴儿房的装修

0—3岁的婴儿，大部分时间是在室内度过的，这一阶段婴儿的机体抵抗能力相对较低，所以，给婴儿布置一个环保、安全、舒适的室内环境，对孩子的健康发育、成长至关重要。要想给孩子一个绿色环保的婴儿房，装修时必须选择绿色环保的建材饰材。不过，并不是使用了绿色材料，就一定会必然的是绿色装修。任何一种装饰装修材料也许都是符合环保标准的，都是绿色的，但多种材料集合在一起后，情况就会发生变化，而有害物质的释放，又和温度、湿度的变化息息相关。

婴儿房

在婴儿房的装修中应尽量使用天然的环保的材料，如木制材料。具体说来，房屋的装饰装修，地面、墙面、灯具是三大主要项目，所以，婴儿房的装饰装修材料不可不注意这三类。

（1）地面：婴儿房的地面最好选用实木地板或环保地毯，这些材质天然环保，并具有柔软、温暖的特点，适合幼儿玩耍、学习爬走等。

（2）墙面：婴儿房的装饰装修，墙面以环保型织物墙纸作装饰比较好，既不怕图画，又易于清洗。

（3）灯具：婴儿房间里的灯具应该根据位置的不同而有所区别，顶灯要亮，壁灯要柔和，台灯要不刺眼睛。顶灯最好用多个小射灯，角度可任意调转，既有利于照明，又有利于保护婴儿的眼睛。

婴儿房装修的注意事项：

（1）施工需环保。装饰装修材料经过加工和施工，已经在形态上发生了变化，而装饰装修材料中有害物质的释放量必然也会随之产生变化。因此，婴儿房的装饰装修要选择加工工序少的装修材料，以"无污染、易清理"为原则，尽量选择天然材料，中间的加工程序越少越好。如一些进口的婴儿专用壁纸或高质量的墙壁涂料都符合这一原则，有害物质少、易擦洗。

（2）环保有标准。根据国家有关规定，婴儿房中室内主要环境指标有：一氧化碳每立方米小于5毫克，湿度应该保证在30%～70%之间。其他的室内环境指标有：装饰装修工程中所用人造板材中的甲醛的释放量限量值应该小于1.5毫克/升；居住区大气中有害物质的最高容许浓度空气氨的标准是，每立方米空气中氨气的控制浓度为不超过0.2毫克。

（3）一定要注意通风换气。据室内环境专家测试，室内空气置换的频率直接影响室内空气有害物质的含量。越频繁地进行室内换气或使用空气过滤器、置换器等，空气中有害物质的含量就会越少，甚至不存在。

节能装修四减少

（1）减少装修铝材使用量。铝是能耗最大的金属冶炼产品之一。减少 1 千克装修用铝材，可节能约 9.6 千克标准煤，相应减排二氧化碳 24.7 千克。如果全国每年 2000 万户左右的家庭装修能做到这一点，那么可节能约 19.1 万吨标准煤，减排二氧化碳 49.4 万吨。

（2）减少装修钢材使用量。钢材是住宅装修最常用的材料之一，钢材生产也是耗能排碳的大户。减少 1 千克装修用钢材，可节能约 0.74 千克标准煤，相应减排二氧化碳 1.9 千克。如果全国每年 2000 万户左右的家庭装修能做到这一点，那么可节能约 1.4 万吨标准煤，减排二氧化碳 3.8 万吨。

（3）减少装修木材使用量。适当减少装修木材使用量，不但保护森林，增加二氧化碳吸收量，而且减少了木材加工，运输过程中的能源消耗。少使用 0.1 立方米装修用的木材，可节能约 25 千克标准煤，相应减排二氧化碳 64.3 千克。如果全国每年 2000 万户左右的家庭装修能做到这一点，那么可节能约 50 万吨标准煤，减排二氧化碳 129 万吨。

（4）减少建筑陶瓷使用量。家庭装修时使用陶瓷能使住宅更美观。不过，浪费也就此产生，部分家庭甚至存在奢侈装修的现象。节约 1 平方米的建筑陶瓷，可节能约 6 千克标准煤，相应减排二氧化碳 15.4 千克。如果全国每年 2000 万户左右的家庭装修能做到这一点，那么可节能约 12 万吨标准煤，减排二氧化碳 30.8 万吨。

建造住宅宜使用节能砖

通过新技术，利用生产、生活废料生产的节能砖不仅能变废为宝，环保节能，而且不怕水、不怕冻、耐高压。而实心黏土砖浪费土地，耗费能源。与黏土砖相比，节能砖具有节土、节能等优点，是很好的新型建筑材料。

所以，农村居民建造住宅宜使用节能砖。使用节能砖建 1 座农村住宅，可节能约 5.7 吨标准煤，相应减排二氧化碳 14.8 吨。如果我国农村每年有 10% 的新建房屋改用节能砖，那么全国可节能约 860 万吨标准煤，减排二氧化碳 2212 万吨。

房屋的节能改造

如果你现在居住的房子或新买的住房还不是节能型住宅，可利用家庭装修的时机，进行节能改造，不仅可提高居住的舒适性，还可节省采暖和空调费用，一举多得。

1. 对房屋外窗（包括阳台门），采用中空玻璃、温屏节能玻璃等调换原有的单层普通玻璃。同时，西向、东向窗安装活动外遮阳装置。这样，既能保温隔热，又可大大减少空调和暖气的使用量，达到节能效果。

2. 对建筑外墙，特别是对西、东山墙，可采用 40 毫米厚的矿（岩）棉毡等保温材料，木筋间距取 600 毫米，面板可采用纸面石膏板或水泥纤维加压板，从而提高建筑的保温性能。不破坏原有墙面的内保温层，阳台改造与内室连通时要在阳台的墙面、顶面加装保温层。

3. 尽量采用可再生能源来解决家庭热水、照明等，如安装太阳能热水器、安装光电等。

客厅节能设计要点

（1）节能首先要想到省电，设计中最大化增加自然采光率，尽量减少电灯的使用率。比如多使用玻璃等透明材料和镜子等，尽量采用浅色墙漆、墙砖、地板等，减少过多的装饰墙，这样可以增强自然采光。

（2）将使用频繁的会客区域安排在临窗的位置，不用特别设计区域照明，玻璃门与宽窗设计可以吸收到足够的自然光线，比起人工灯源氛围更柔和。

（3）宽窗、宽门设计，能充分引入自然光线和新鲜空气。

（4）用玻璃反射的太阳光来完成白天的照明，节约电能，而充足的光线还能让你享受日光浴。

（5）如果窗口的客厅采光不好，可通过巧妙的灯光布置和加大节能灯的使用力度，就能减少碳排量。

（6）客厅尽量要选择简洁明朗的装饰风格，如宽大的落地窗、白色墙壁、浅色沙发。

（7）在客厅摆放绿色植物时，可选择多肉植物，既减少用水量，又能释放新鲜氧气，有利于健康的同时又能营造出美好环境，并为节能减排作出贡献。在窗边摆放大型植物，并充分利用角落养几盆小花草进行低碳补偿。客厅角落可摆放大型植物，多肉类植物可以放置在茶几、电视柜上。

（8）餐厅中采用宽窗设计能让空气更流通，摆放大量能够吸附甲醛、二氧化碳等有害气体的绿植，能营造轻松愉悦的野餐氛围。

加强门窗密封性可节能

通常，门窗上的热量流失占到整个建筑能耗的49%～63%，所以，重视门窗节能是解决建筑能耗问题的关键所在。

门窗由框扇材料与玻璃两大主体材料构成，由于玻璃占到门窗面积的70%左右，所以，玻璃的节能非常重要。中空玻璃的迅速普及有效地解决了辐射热的损失，但只是装了中空玻璃的门窗还不能说就算是节能门窗。

门窗的节能效果等级要看其整体性能，包括型材、玻璃、五金配件的协调匹配。

中空玻璃仅解决了玻璃面积上的能耗问题，是否真正节能还要看占到门窗面积30%的框扇型材上是否节能。

塑钢型材以其优良的热阻一度成为门窗框扇材料的主流，但塑钢型材抗弯矩及抗冲击性较低，而且易泛黄变色，让很多人不甚满意。而铝合金门窗在这些方面优势明显，但铝型材的高热传导性能又无法解决因此而产生的热量流失。

而用隔热铝合金型材加工而成的隔热铝合金门窗很好地解决了这个问题。隔热铝合金型材是通过把高热导性的铝合金型材分开后再用低导热的化学材料制成的隔离物连接而成的整体，这种隔离物称为"断桥"。由于隔热铝合金型材的隔热性好，所以隔热铝合金门窗才是真正的节能门窗。

门窗作为建筑围护结构的组成部分，在实现采光、通风功能的同时，起到了隔离外界气候、保持室内相对稳定的内环境的作用，所以门窗内外两侧不同温度与气压所形成的温差与气压差是产生门窗热量损失的根本原因。

（1）要特别注意选购符合所在地区标准的节能门窗，使气密、水密、隔声、保温、隔热等主要物理指标达到规定要求。

（2）尽量选购门腔内填充玻璃棉或矿棉等防火保温材料、安装密闭效果好的防盗门。

（3）在外门窗口加装密封条。

（4）把原有室外的单玻璃普通窗调换成中空玻璃断桥金属窗，把室内的单层玻璃窗改为隔热的双层玻璃窗，一方面可以加强保温，通常能节省空调电耗5%左右（视窗墙比大小不同）；另一方面还能更好地隔音，防止噪音污染。

（5）夏天用白色窗帘利于反射太阳光，冬天用深色布料窗帘有助于保暖。

 知识点

陶　瓷

陶瓷是以黏土为主要原料以及各种天然矿物经过粉碎混炼、成形和煅烧制得的材料以及各种制品——陶器和瓷器的总称。陶瓷的传统概念是指所有以黏土等无机非金属矿物为原料的人工工业产品。它包括由黏土或含有黏土的混合物经混炼，成形，煅烧而制成的各种制品。由最粗糙的土器到最精细的精陶和瓷器都属于它的范围。陶瓷的主要原料是取之于自然界的硅酸盐矿物（如黏土、石英等），因此与玻璃、水泥、搪瓷、耐火材料等工业，同属于"硅酸盐工业"的范畴。

 延伸阅读

冬季房间如何节能保暖

（1）将新换的暖气片里的空气和冷水放净。一些家庭装修时置换新型暖气片，特别是立式和异型的暖气片，暖气片里空气和冷水不放净，散热效果就会大打折扣。

（2）最好打开封闭暖气散热罩。有些人给暖气安上暖气罩，冬季最好打开散热罩，如打开影响美观，可把散热罩倒装，让百叶网朝上使用，使热量散发出来。

（3）在暖气片后面装反射膜。可采用金属表面的铝扣板，也可用厨房使用的灶台金属膜或者烤制食品用的金属膜，安装在暖气片与墙壁之间，可保温、反射暖气热量。

（4）门窗加装和更换密封条。老式的铝合金门窗和钢窗没有密封条，还有一些新式的门窗密封条使用一段时间以后会出现密封条老化问题，造成室内热量的散失。

（5）开放阳台加装保温帘或者保温毯。如装修时把封闭阳台改成房间，可在原阳台与厅之间的位置安装一套保暖的门帘，冬天晚上拉上也可以起到室内保温的作用。地面可以铺装地毯，可以增加地面的保温效果。

（6）玻璃贴保温膜和涂刷保温涂料，这个方法特别适用于一些有落地窗的家庭。

绿色住宅

绿色住宅的理念

继智能化住宅之后，近年来又有绿色住宅、环保住宅、生态住宅、节能型住宅和健康住宅频频出现。这些住宅形态是绿色住宅的不同表现形式，可以统称为绿色住宅。绿色住宅以有利于人体健康和环境保护为目的，以节约能源和资源为宗旨，美化了人民的生活空间，提高了人民的生活质量和工作效率。绿色住宅运用生态学原理和建筑学原理，遵循生态平衡及可持续发展的原则，将环保、生态理念融于住宅建设中，从而获得一种高效、低耗、无废、无污染且能实现一定程度自给的新型住宅模式。绿色住宅的显著特征概括起来有五点：环保、节能、自然、舒适和健康。追求舒适和健康是绿色住宅的基础；追求环保是绿色住宅的核心内容；追求节能和自然是绿色住宅与大自然和谐的完美境界。

绿色住宅

绿色住宅要贯穿于设计、建造、使用、废弃的全过程，必须从各个阶段做好管理。绿色住宅也是一项系统工程，涉及建筑技术、建筑材料、物业管理、环境保护等，必须各方面工作协调发展。绿色住宅要达到人与环境协调共生，利用自然，保护自然。考虑住宅与自然环境协调，建造出满足人们身心健康的，能与大自然相通、相融的，享受自然、优美协调的居住环境。如选择光照充足、通风良好、没有污染的地方建造房屋，尽量保护地形，保护绿色植物，保护水系，保护生态环境。

绿化要因地制宜，利用自然，又不破坏自然；要重视自然绿化，树木、花丛、草坪、小溪、小径等，达到亲绿、亲水、亲地，给人以拥抱自然愉悦的感受；要提供景色优美的人们户外活动交往场所、文体活动场所，建造文明的社区环境。

低碳的家居环境

实践中，"低碳"是一个非常广泛的概念，可以包括工业生产上的节能减排、建筑的绿色设计、汽车的节能等等。低碳生活对于家居来讲，也能尽量节约能源，减低有害物质的排放。

家居方面的"低碳化"，因为与生活密切相关，似乎早就已经领先一步。

从环保材料到环保装修，从砍伐树木到建设速生林，从发光顶设计到太阳能灯具……

人每天需要消耗能量，并因此释放大量的二氧化碳。科学家发现，近200年来空气中的二氧化碳含量已经上升30%，人们普遍认为如今的各种极端气候都和二氧化碳排放增高有关。人们开始呼吁"低碳经济，低碳生活"。这是在不降低生活质量的前提下，利用高科技以及清洁能源，减少能耗，减少污染的生活模式。

低碳生活并不深奥。从家居上来看，"低碳"最原始的表现形式，就是如何用最少的钱干最多的事。基本理念是：用最低的成本，最常见的材料和最简单的设计，布置出一个舒适、安全又健康的家。

不幸的是，随着社会的发展，财富的积累，某些人开始在个性风格、特殊材料和高科技智能产品上下工夫，这种行为无疑消耗了许多不必要的能源。如今，环境污染严重，能源缺乏和经济危机等因素，促使最初简朴的装修理念升级为低碳生活了。

1. 简约大方最利于节能

近几年来，简约的设计渐渐风行，这恰恰就是家装节能中最为合理的关键因素，当然简约并不等于简单。这样的设计风格能最大限度地减少家庭装修当中的材料浪费问题。通透的设计因为节约材料，如今也慢慢流行起来，在保持通风和空气流通的同时，也很大程度上减少了能源浪费。

2. 色彩中的秘密

不同于以前的家居千篇一律的白色，如今家居的颜色越来越多。色彩也是关系到节能的，过多使用大红、绿色、紫色等深色系也会增加能源浪费。

由于深色的涂料比较吸热，大面积设计使用在家庭装修墙面中，白天吸收大量的热能，晚上使用空调会增加居室的能量消耗。

3. 绿色建材筑就低碳生活

在装修过程中，某些不要求牢靠的地方，可以多使用类似轻钢龙骨、石膏板等轻质隔墙材料，尽量少用黏土实心砖、射灯、铝合金门窗等。有些繁琐的设计可以考虑放弃，比如偶尔使用的射灯和灯带，不但造价不菲，更是一大浪费，完全可以取消。

此外，搬新居时，能继续使用的家具尽量不换。多使用竹制、藤制的家

具，这些材料可再生性强，也能减少对森林资源的消耗。

4. 简约理念再次回归

许多家庭拒绝采用过去那种崇尚奢华的家装设计理念，改走简约路线，以自然通风、自然采光为原则，减少空调、电灯的使用几率，节约装饰材料、节约用电、节约建造成本。

如果还能尽量减少房屋内部结构改造，那就更"低碳"了。如今，一些较为时尚的家庭也不再简单地用吊顶、壁柜，以及用一些昂贵的装饰材料打造的装饰造型等将空间堆砌装满，他们更讲究空间布局、功能设置等，注重装修和装饰的区分，会利用实用的家具与恰到好处的装饰品来表现强烈的个人风格和情趣。房间中少用隔断等装饰手法，尽量用空间的变化来达到效果。如果一定要使用隔断，尽可能将其与储物柜、书柜等家具合二为一，减少其独立存在的机会，增大室内空间。另外，减少隔断的设置，还可以加速室内空气流动，减少空调、电扇等家用电器的耗能。

5. 可循环材料的选择

因为原材料在采集、生产制造和运输时都需要耗费大量的能源，家居行业能够做到"低碳"、"可持续发展"的不多。很多家庭可以考虑在环境布置上选择木材、棉花、金属、塑料、玻璃、藤条时，要尽可能地使用可循环利用的材料。

在家居生活中合理利用废旧物品对于营造"低碳"的生活环境同样意义重大。比如，将喝过的茶叶晒干做枕头芯，不仅舒适，还能帮助改善睡眠；用废纸壳做烟灰缸，随用随扔，省事且方便。这些毫不起眼的废物经过精心的 DIY，都可以变废为宝，让自己的家变得更环保、更温馨，又充满实现创意的欢乐。

6. 节约能源

低碳家居的重点是节能，但是节能并不意味着不考虑居住的舒适度，不是要把空调或采暖系统统统关了。

其实低碳生活的目的是：在对人类生存环境影响最小，甚至是有助于改善人类生存环境的前提下，让人的身心处于舒适的状态。

比如，利用太阳能等可再生能源进行照明和供暖；还有欧洲现在建设了很多零排放建筑，隔热效果非常好，在自然通风的条件下，隔热层可以把室内温度调控到一个合适的水平。

节能型住宅如何节能

节能型住宅讲的主要是节约能耗，节约有相对的几个条件：第一，主要指节约一次性能源，就是不可再生的，比如石油、天然气、木材、煤；第二，节能住宅分最基本的节能手段和为了达到高舒适度采用的降低房屋能耗的节能手段和系统。

节能型住宅分初级的和高级的。初级的采用一些单一的节能手段，简单地运用节能技术达到基本的节能效果。比如保温材料节能，在北方主要体现在冬季，降低采暖的能耗，南方主要是降低夏天制冷的能耗。虽然情况有所不同，但都是采取单项的技术，使能耗、烧电、烧煤能够降低下来，舒适度达不到太高的要求。而现在国内高水平的节能型住宅，它的恒温、恒湿，不是靠风，而是靠楼板辐射制热、制冷，这一类称之为高级节能住宅。

除了房屋的"外衣"节能之外，内部环境的节能也是必不可少的，从房屋地板的选材，到墙面的色调以及各种电路的设计，采暖、通风方式的选择等，都会对节能有所影响。另外房间动静分区明确，功能空间齐全，组织紧凑合理也对节能有所影响。比如把卫生间贴近卧室、将厨房与餐厅联系紧

节能型住宅

密、让生活阳台与居室结合、厨房与服务阳台相通、主卧室设专用卫生间等，有的房型还设置进入式贮藏室，比较注重实用性。其次，各功能空间的面积配置和尺度掌握要与套型面积标准相协调。房型设计上，面宽和进深的尺度都要恰当，适宜家具布置和人居功能。最后，要看平面组织、门窗的位置，能够充分考虑到通风和日照的效果。良好的通风设计可迅速稀释空气中的有害物，充足的日照具有清洁杀菌能力，可改善室内环境质量，并可节约能源。

近几年，板式住宅套型之所以受到欢迎，正是由于它具有创造了室内生态环境的优势。

 知识点

铝合金门窗

　　铝合金门窗，是指采用铝合金挤压型材为框、梃、扇料制作的门窗称为铝合金门窗。包括以铝合金作受力杆件基材的和木材、塑料复合的门窗，简称铝木复合门窗、铝塑复合门窗。

　　它起源于日本、韩国，风行欧美，21 世纪初始在我国沿海一带成为家居装修新时尚。其宽阔的门扇开启幅度大，让居室采光更充足，还空间更多自由；而无地轨道的独特设计，让出入通行毫无障碍；上部的吊轮采用高强度优质滑轮，滑动自如、静音顺滑，开合时几乎没有任何噪音，滑轮可以正常推拉高达 10 万次以上；门扇新颖美观，其本身就是都市狭小居室里的一道亮丽风景，让你赏心悦目、心旷神怡。

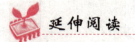 延伸阅读

"零排放"四合院

　　2010 年 8 月 2 日，北京首座"零排放"四合院在东城区大兴社区居委会建成。专家评价，作为北京文化的代表，四合院实现"零排放"，不仅是对四合院的保护和发展的有益实践，也将为北京四合院的改造和保护提供一个范例。

　　四合院"零排放"要在继承传统文化、享受健康舒适现代生活方式、低碳节能等方面寻求最佳平衡点。

　　之所以要打造"零排放"四合院，是因为四合院是北京文化的代表。四合院作为老北京特有的一种建筑形式，其布局设计历经了几百年的淘炼，在

适应北京特有气候条件方面表现出色，但满足现代人"宜居"的要求可能尚有差距。如果在保留和传承的基础上，并仍坚持"小投入，大环保"的理念，通过合理应用低碳技术达到降低能量消耗并能保有现代人舒适的生活方式，那么老北京的四合院也完全可以焕发"新绿色"。

选购房屋要注意

利用太阳能的房屋

现在有些房地产公司为了增加卖点，在建房时会自主为居民安装太阳能热水系统。目前国内安装的太阳能热水系统，一般都采用真空集热管的太阳能热水器，主要用于提供居民的生活洗浴用热水。

利用太阳能的房屋

1973 年，美国能量转换研究所建造了世界上第一座太阳能房屋。这所房子的屋顶能吸收太阳能，然后再把太阳能转化成电能，以满足房子的照明及其他用电设备的用电需求等，还可用电池储存多余的能量。四川的一家公司研制的太阳能房屋，屋顶被设计成中间平整、四面倾斜的形状。在屋顶的四面分别安装太阳能装置，屋顶正中间的平整的地方也安装上一面太阳能装置。五面巨大的太阳能装置源源不断地吸收太阳的能量，功率5千瓦，一家人用电绰绰有余。神奇的是，这些电除了给水加热供洗澡之外，还可以照明、洗衣服，只要有电的地方就能用得上。这样的房子根本不用担心电费，中央空调可以保持恒温、恒湿。此外，业主根本不用担心停电造成影响，每天，屋顶的太阳能会把阳光主动储存下来，即使接连阴雨两三天，也不用担心断电造成家里一片漆黑。

如果您要买房，一定要选购太阳能房屋，这样的房屋省了电费。

如果您是别墅居民，也应该考虑将房屋改造成太阳能房屋。

如果您是公寓楼楼顶用户，也可以考虑在屋顶利用太阳能，比如放上太阳能热水器，安装太阳能发电设施，利用太阳能发电。

如果您是农村居民，要盖新房，就要考虑盖太阳能房屋。如果您想改造房屋，也要考虑将房子改造成太阳能房屋。

利用风能的房屋

风力发电没有燃料问题，也不会产生辐射或空气污染，风力发电正在世界上形成一股热潮。目前，风力发电在芬兰、丹麦等国家很流行，我国也在西部地区大力提倡。

目前，如果想购买利用风能的商品房还不太现实。但是，如果您是别墅居民，可以考虑在屋顶或院落内安装风力发电机。

如果您是公寓楼楼顶用户，也可以考虑在屋顶上安装风力发电机。

如果您是农村居民，当地风力条件不错，就可以考虑在屋顶或院落内安装家用风力发电机。

风力发电机又称风车，是将风能转换为机械功的动力机械，它是以太阳为热源、以大气为工作介质的热能利用发电机。小型风力发电系统效率很高，它包括风力发电机、充电器和数字逆变器。风力发电机由机头、转体、尾翼、叶片组成。每一部分都很重要，各部分功能为：叶片用来接受风力并通过机头转为电能；尾翼使叶片始终对着来风的方向从而获得最大的风能；转体能使机头灵活地转动以实现尾翼调整方向的功能；机头的转子是永磁体，定子绕组切割磁力线产生电能。风力发电机因风量不稳定，故其输出的是13～25

伏变化的交流电，须经充电器整流，再对蓄电瓶充电，使风力发电机产生的电能变成化学能。然后用有保护电路的逆变电源，把电瓶里的化学能转变成交流 220 伏市电，才能保证稳定使用。

利用风能的房屋

以下是哈尔滨贝尔风力发电机厂生产的几种家用风力发电机：

400 瓦风力发电机（28 伏），配高频 500 瓦逆变电源，可带 180 升以下冰箱、电视等电器。

500 瓦风力发电机（28 伏），配高频 800 瓦逆变电源，可带 200 升以下冰箱、冰柜、电视等电器。

1000 瓦风力发电机（28 伏），配工频 1000 瓦逆变电源，可带 200 升以上冰箱、冰柜、电视等电器。

1200 瓦（56 伏）风力发电机，配工频 1000 瓦逆变电源，可带 200 升以上冰箱、冰柜、电视等电器。

2000 瓦（56 伏）风力发电机，配工频 2000 瓦逆变电源，可带水泵、冰箱、电视等电器。

家用风力发电机一般包括发电机、回转体、尾翼杆、尾舵、风叶、风叶压板、法兰盘、风帽、底座、钢丝绳、电缆、支架、充电控制逆变器等设备。有时还需要另购蓄电池。

目前，由深圳诚远公司研发的便携式风力发电机可广泛应用于野外旅游探险等领域，可随处随时发电，方便快捷！其总重量不超 3 千克，只要有 3 级左右风速，就能正常发电 100 瓦左右！

利用地热能的房屋

如果当地有利用地热能的商品房出售，您可以优先考虑选购这种节能房屋。

地热能是可再生资源。地热能来自地球内部的熔岩，以热力形式存在。运用地热能最简单和最合乎成本效益的方法，就是直接取用这些热源，并抽取其能量。

地热能的利用可分为地热发电和直接利用两大类。

据美国地热资源委员会（GRC）1990 年的调查，世界上 18 个国家由地热发电，总装机容量 5827.55 兆瓦，装机容量在 100 兆瓦以上的国家有美国、菲律宾、墨西哥、意大利、新西兰、日本和印尼。中国的地热资源也很丰富，但开发利用程度很低。主要分布在云南、西藏、河北等省区。

地源热泵技术是一种高效节能的可再生能源技术，近年来日益受到重视。目前，我国除青海、云南、贵州等少数省外，其他省区都在不同程度地推广地源热泵技术。目前，全国已安装地源热泵系统的建筑面积超过 3000 万平方米。据不完全统计，截至 2006 年年底，中国地源热泵市场年销售额已超过 50 亿元，并以 20% 的速度在增长。

利用中水的房屋

中水又称再生水、回用水，是相对于上水（自来水）、下水（排出的污水）而言的，是对城市生活污水经简单处理后，达到一定的水质标准，可在一定范围内重复使用的非饮用水。中水可用于冲洗厕所、洗车、绿化用水、农业灌溉、工业冷却、园林景观等。

现在有些"绿色"住宅能把污水变成中水，或者在设计时把洗手池的水直接通向厕所，这样洗衣服、洗菜的水就可以用来冲厕所，可节约大量的水资源。

使用环保性建材的房屋

选购房屋，要优先选购使用环保性建材的房屋。环保建材，即绿色建材装饰材料要满足以下几个要求：

（1）可增强房屋的保暖、隔热、隔音功效。

（2）基本无毒无害，天然，未经污染，只进行了简单加工的建材，如石膏、滑石粉、沙石、木材、某些天然石材等。

（3）低毒、低排放，已经经过加工、合成等技术手段来控制有毒、有害物质的积聚和缓慢释放，其毒性轻微，对人类健康不构成危险。如甲醛释放量较低、达到国家标准的大芯板、胶合板、纤维板等。

（4）目前的科学技术和检测手段认定是无毒无害的。如环保型乳胶漆、环保型油漆等化学合成材料。

 知识点

逆变电源

利用晶闸管电路把直流电转变成交流电，这种对应于整流的逆向过程，称为逆变。把直流电逆变成交流电的电路称为逆变电路。在特定场合下，同一套晶闸管变流电路既可做整流，又能做逆变。变流器工作在逆变状态时，如果把变流器的交流侧接到交流电源上，把直流电逆变为同频率的交流电反送到电网去，叫有源逆变。如果变流器的交流侧不与电网联接，而直接接到负载，即把直流电逆变为某一频率或可调频率的交流电供给负载，则叫无源逆变。交流变频调速就是利用这一原理工作的。有源逆变除用于直流可逆调速系统外，还用于交流绕线转子异步电动机的串级调速和高压直流输电等方面。

 延伸阅读

《简单生活》

在现代社会，大多数的人都处在一种衣食无忧的生存状态，但事实上，仍有许多人陷入精神困扰，他们面临激烈竞争所带来的安全感的失落，忙于工作所带来的生活内容的匮乏。怎样才能从这样的生活中解脱？美国作家丽莎·茵·普兰特所写的《简单生活》介绍了一种绿色生活方式。作者倡导一种简单的生活：多一份舒畅，少一份焦虑；多一份真实，少一份虚假；多一份快乐，少一份悲苦，让外界生活的简朴带给我们内心世界的丰富。在书中，

作者给我们阐述了何为简单之美，简洁的精神，介绍了对于工作、家庭、财富该有的简单态度，告诉了我们该怎样享受生活中休闲和娱乐的时光，怎样过简单的健康生活，怎样做生活中的个人选择，怎样处理简单生活与未来时尚间的关系。通过本书，你就可了解到简单生活的真正方式。简单，是平息外部无休不止的喧嚣，是回归内在自我的唯一途径。

汽车节油有窍门

启动时的节油

（1）汽车冷启动时，怎样做到一次启动成功。在发动机和油电路正常的情况下，夏季稍带一点阻风门，冬季阻风门拉出一半多点，油门踩下约三分之一处，启动发动机，以达到一次启动成功。启动发动机时要根据每辆车的特点，总结每次启动时燃油耗量，有的车加油快，启动时不需拉阻风门或加空油；但有的车辆必须拉阻风门或加一到二脚空油，可根据车辆的性能看情况处理。冬季、夏季发动机都要做适当预热，据有关资料测定，汽车不预热由10℃启动到50℃时和汽车预热到20℃后再启动升温到50℃时，预热后的发动机燃油可节省30%，同时，预热启动会减轻发动机磨损程度。

（2）启动后的加速方式与节油。启动后加速的方式有两种：一是急加速，使车辆快速起步；二是慢加速，使车辆缓慢起步。两种方式起步与耗油有着密切关系，急加速比慢加速燃油增加30%以上。在城市行驶车辆，起步次数多，如果注意起步方式，节油率是相当可观的。快速起步可造成机械结合部冲击力增大，加快磨损程度，对安全行车也不利。因此，为了更多地节约燃油，汽车起步后提倡缓加速行驶，避免采用冲击式的起步方式。

行驶时的节油

（1）车辆行驶要及时换挡。根据车辆行驶道路情况及时换挡，使发动机大部分时间处在中速行驶，不要大油门低挡位或高挡位小油门行驶。因为大油门低挡位行驶，将使发动机转速增高而受到挡位传动比限制，就像短腿迈大步；而高挡位小油门行驶犹如让发动机干活，却不给吃饱饭，使之有气无力。而这都是人为操作不当，一种费油，一种费时。应根据道路选择合适挡位并控制好油门，让车辆发挥出应有的效率，以达到节油的目的。

汽　车

（2）经济车速能节油。经济车速是指汽车在某一路段行驶，车速不同，油耗也不一样，不同的行驶速度，其中耗油最低的车速称为经济车速。不同挡位，有不同的经济车速。而经济车速不是固定不变的，它随着道路状况、汽车载荷的变化而变化，路面好、载荷轻，经济车速高，反之经济车速低。低速行驶时，留在气缸内的废气量所占的比重大，因为空气的流速慢，混合气雾化差，使燃料经济性下降，油耗量增加。因此，低速行驶反而会费油。而高速行驶时，车辆振动频率增大，前轮的附着力减小，方向灵敏度加大，影响汽车操纵性和稳定性，使发动机长期处在大负荷转速下工作，燃油消耗增加，发动机温度升高，机油黏度降低，加速机件磨损。所以保持经济车速（中速）可以达到节油的目的。

（3）减速滑行是一种安全的节油措施。减速滑行是指车辆行驶中，如发现前方有障碍、转弯儿、会车、红灯等暂时不能通行的地段，应采用以滑行代替制动的方式，充分利用车辆的惯性节约燃油，这是一种安全、合理的节油方式。减速滑行优点很多：节约燃油；保证行车安全；滑行时，车辆振动小、噪声低，使乘客感到舒适；发动机传动系统、制动器和轮胎等，可减少磨损，延长车辆使用寿命。一个优秀的驾驶员，行车滑行的里程占总里程的30％以上。这是汽车节油的主要手段，在保证安全的前提下，可大力提倡，但是片面追求"节油"的冒险滑行，盲目认为"凡滑必省"的观点是不可取的。

停车时的节油

熄火、停车与节油。汽车经过长途行驶后，由于发动机长时间处在大负荷运转状态，发动机温度很高，此时应怠速运转 30 秒左右后熄火，虽然耗点油，但可以避免立即熄火后造成的局部升温，避免发动机热启动困难，油耗增加。对停车地点无要求的地方，在停车前就可熄火，以节省燃油。对停车地点有严格要求的地方，应停车后熄火，否则多次起步就要增加油耗。临时停车应视停车时间长短决定是否熄火，一般停车在 1 分钟以上，就应当熄火，可根据当时的环境、气候等条件而定。停车应避免停在上坡、积水、结冰或松软的路段上，以免造成起步困难，增加油耗。在装卸货物地点、车场停车，应避免影响其他车辆通行，否则多次起步也会增加油耗。

节油从轮胎着手

汽车在行驶过程中，轮胎的滚动阻力、空气阻力、汽车内部部件之间的摩擦力分别占到全部阻力的 20%、65% 和 15%。由此可知，轮胎的好坏，直接关系到是否能够节油。

当车辆行驶时，轮胎因运动而变形，不断造成能量损失，这就是产生轮胎滚动阻力的主要原因，大约占到轮胎全部滚动阻力的 90%~95%。

所以，只要降低了轮胎的滚动阻力，就可以节油。

为了做到既减少轮胎的滚动阻力，又不影响轮胎的抓地性能，米其林节能轮胎 EnergyXMl 采用含硅的特殊橡胶配方，降低轮胎滚动阻力，从而减少燃油消耗；采用新的轮胎整体设计（如全新的橡胶配方、非对称花纹、新的轮胎结构等），使轮胎具有良好的抓地力。米其林节能轮胎 EnergyXMl 能节约燃油 5%。一个轮胎市场零售价格在 450 元左右。以一台东风雪铁龙爱丽舍为例，标准油耗为 6.2 升/100 千米，假设年平均行驶里程为 3.5 万千米，使用汽油标号为 93 号高级无铅汽油，汽油单价为 4.05 元/升。每年的油资 = 标准油耗年平均行驶里程汽油单价 = 8788.5 元，每年节约燃油成本 = 8788.5 × 5% = 439.425 元。

横滨轮胎以独创的低滚动抗阻技术，能降低油耗 6%。横滨轮胎 A380 通过独特的花纹和全新的配方，可达到节能 6% 的效果。目前一个 A380 轮胎市场零售价格在 470 元左右。以一台桑塔纳轿车为例，标准油耗为 7.8 升/100 千米，假设年平均行驶里程为 5 万千米，使用汽油标号为 93 号高级无铅汽油，汽油单价为 4.05 元/升。每年的油资 = 标准油耗年平均行驶里程汽油单

价 = 15795 元，每年节约燃油成本 = 15795 × 6% = 947.7 元。

用黏度低的润滑油可节油

润滑油黏度越低，引擎就越省力，自然也就越节油。汽车手册上一般都有所能用的最低黏度的润滑油。在选用润滑油时应注意以下几个问题：

（1）要选用高级润滑油。选用普通润滑油很难达到最佳的燃油消耗，若换用高级润滑油，则因减少了摩擦阻力而达到了降低燃油消耗的目的。

汽车轮胎

（2）轿车润滑油的档次应是 SE 级以上，品质好，性能稳定，且高温不会裂解。一般润滑油的成分为碳氢化合物，含酸性物质，高温容易氧化，形成油泥，而最终发生裂解。

（3）选择节能机油。节能机油能节约 1.1% ~ 1.6% 的燃油。一般机油的标识是 APISJ，节能型机油的标识是 APISJ/GF – 2，节能型机油的国际标准标识是 APISM/GF – 4、APISL/GF – 3、APISJ/GF – 2、APISH/GF – 1。

纳米添加剂让车更节油

纳米燃油、润滑油添加剂是采用液相纳米技术研发的第四代添加剂产品。

把水组装后以纳米尺度的颗粒状态分散到燃油中，让包敷了弹壳的水颗粒作为"水炸弹"起作用。微爆的作用可让燃油更充分地雾化并和空气更充分地混合，让燃油燃烧更充分、更均匀，从而提高燃油的燃烧效率和发动机的机械效率。

通过组装纳米金刚石，让它们热力学稳定地分散到润滑油中，改变了摩擦的性质，变滑动为滚动，减少了摩擦损耗，达到车辆健康养护和节省燃油的目的。

正确使用车上空调节油

在炎热的夏季，大部分的车主会打开车上的空调。空调压缩机的功率大约在 1.5～2.5 千瓦，相对于发动机经常工作的功率 20～30 千瓦，空调所消耗功率占 2%～8% 左右，因此当压缩机工作时，会增加 2%～8% 的燃油消耗。经实际测试表明，在同等行驶速度下，开空调每百千米可增加 2 升多燃油。

不过，如果能够巧妙地使用空调的调节功能，不仅可以让空调发挥最佳功效，还可以在一定程度上节省燃油。

（1）在怠速下最好不要开空调。在怠速下由于发动机功率小，空调功率不变，此时的燃油消耗率特别高。同时，怠速没有迎风作用，因此空调换热器外环境温度高，压缩机工作的时间会增加，能耗也相应增加。所以当时速低于 60 千米行驶时，最好关闭空调，开窗自然通风，或者只用空调的通风功能，而无须启动其制冷，这样，空调压缩机就不会处于运作中，从而可以达到节油的目的。

（2）上车后不要立即开启空调。如果上车后立即开启空调，不仅制冷效果不好，而且还会增加引擎在初始运转时的压力。应该在车辆启动两三分钟、发动机得到润滑后，再打开空调。对付车里温度极高的状况，可以在上车后，先打开车窗，启动空调的外循环，排出热气，再开空调。

（3）空调温度不应设得太低。空调增加的燃油消耗主要是因为压缩机工作，当车内温度高于空调设定温度时，空调压缩机才开始工作，而压缩机工作时间的长短又取决于温度差的大小。夏季因为环境温度高，因此要降温的温差较大，压缩机工作的时间就长，耗油也多些。为了减少空调系统的负担，减少油耗，可把温度设定在 23℃ 以上，可以调节空调控制板上的按钮用于改变气流方向，可以选择吹向上身或者足部，为了使身体表面温度下降得快些，可以把风速调得大一些，油耗与风速关系不是太大。

（4）为了降低油耗，也没必要一直开着空调。可以在启动车辆后，先将空调开到最大挡，等感觉它已经具备足够制冷效果后，就把空调关闭掉。这种做法，可让空调省去与暖风混合的步骤，从而达到节油的效果。

（5）每次停车后应先关闭空调再熄火。有的车主常常在熄火之后才想起关闭空调，这对发动机是有损害的。因为这样做会造成车辆在下次启动时，发动机带着空调的负荷启动，这样的高负荷不但会损伤发动机，而且会增加油耗。

（6）别把车厢当成空调卧室。有的车主为图凉快，关紧车门窗，打开空调在车里睡觉，这样做不但会增加空调的运转时间增加耗油，而且还可能导致人汽车尾气中毒。

（7）经常清除冷凝器散热片上的灰尘。冷凝器散热片上积上灰尘后，就会影响空调的制冷效果，可以在维修店借用压缩空气将冷凝器吹干净。

 知识点

纳 米

纳米（符号为 nm）是长度单位，原称毫微米，就是 10^{-9} 米（10亿分之一米）。举个例子来说，假设一根头发的直径是 0.05 毫米，把它径向平均剖成 5 万根，每根的厚度大约就是一纳米。也就是说，一纳米大约就是 0.000001 毫米。纳米科学与技术，有时简称为纳米技术，是研究结构尺寸在 1～100 纳米范围内材料的性质和应用。纳米技术的发展带动了与纳米相关的很多新兴学科。有纳米医学、纳米化学、纳米电子学、纳米材料学、纳米生物学等。

 延伸阅读

混合动力车的优点

与纯电动车、燃料电动车两种电动车相比，混合动力车在动力性能、续行里程、使用方便性等方面具有优势，因而最具商业价值和量产可能。

混合动力车可节油 30% 以上，每辆普通轿车每年可因此节油约 378 升，相应减排二氧化碳 832 千克。如果混合动力车的年销售量占到全国轿车年销售量的 10%（约 38.3 万辆），那么每年可节油 1.45 亿升，减排二氧化碳

31.8 万吨。

　　混合动力车采用传统的内燃机和电动机作为动力源，通过混合使用热能和电能两套系统开动汽车。混合动力系统的最大特点是油、电发动机的互补工作模式。在起步或低速行驶时，汽车仅依靠电力驱动，此时汽油发动机关闭，车辆的燃油消耗量是零；当车辆行驶速度升高或者需要紧急加速时，汽油发动机和电机同时启动并开始输出动力；在车辆制动时，混合动力系统能将动能转化为电能，并储存在蓄电池中以备下次低速行驶时使用。

汽车节能

什么是节能汽车

　　节能汽车是一个整体概念，它意味着汽车从外形到发动机，乃至各个部件都是节能的，同一般汽车相比，有明显的节油效果。节能汽车有以下要求。

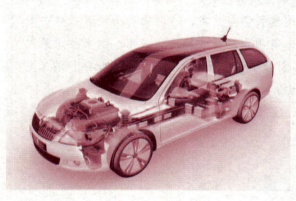
节能汽车结构图

　　（1）汽车的自重要轻。汽车的自重显然关系到油耗，汽车自重越轻，耗油必然越少。汽车的自重是由制造各个部件的材料决定的。采用轻金属或非金属材料制造汽车零部件，改进车厢布置甚至改变外观形状，缩小汽车外形尺寸等都是有效的办法。在汽车制造中使用高强度低合金钢、铝合金、塑料、玻璃纤维等材料的比例正在逐年上升。汽车结构对自重也有影响，如采用前轮驱动就可以减轻传动轴和后桥的重量，改善悬架结构采用承载式车身、水冷改风冷、四冲程改二冲程等。资料表明，车重减轻12%，单位燃油的行驶里程可延长10%，油耗可降低8.5%。

　　（2）改善汽车的空气动力性能。我们知道，汽车行驶速度越快，空气阻力越大，消耗的功率就越多。一般车速行驶时，发动机功率的 20% ~ 30% 消耗在空气阻力上，高速时可能达到 50%。减少空气阻力的方法一是采用合理的车身外形，除车厢的流线性设计外，对诸如保险杠、水箱罩、发动机罩、叶子板、风挡玻璃，乃至车灯、后视镜等都进行空气动力学优选。另外，加装各种导流板，导风罩等也是有效的。空气阻力的油耗灵敏度为 0.2 左右，即空阻系数每减少 10%，油耗可降低 2%。

（3）采用代用燃料及新型动力机。使用代用燃料的汽车早有应用，代用燃料包括液化气、天然气、乙醇等。在此基础上出现了燃油/燃气混合动力汽车，汽油/乙醇混合动力汽车等。

汽车节能产品

汽车节能产品大致可分如下三大类：装置类产品、润滑类产品、清洗类产品。

所谓装置类产品是指通过增加一个或几个结构件来达到发动机的节能目的，这些结构件归类为装置类产品，比如美国狼骏牌汽车环保节油器。

润滑类产品是指通过在机油中加入添加剂，减少发动机在极端状态下的内部摩擦力，从而提高发动机的动力，来达到发动机节能目的的，这些添加剂归类为润滑类产品。

清洗类产品是指由于发动机使用一段时间后，因积炭等原因无法达到原设计的燃烧效率，故通过在燃油里加入添加剂来清洗油路、电喷头和积炭，使发动机恢复或接近恢复到原设计水平，从而达到比清洗前燃油燃烧效率提高的效果。

如何选用好的汽车节能产品，首先你要明白你开的是什么车，要达到什么目的。

如果你满足自己汽车发动机的燃油设计消耗量，你的目的是仅仅恢复发动机原设计性能，那么你可以考虑购买清洗类的产品，消除积炭，清洗喷头。但是，应注意以下两点。

首先，如果你的车装了三元催化装置，建议不要用，因为清洗下来的积炭会排向三元催化装置，导致三元催化装置的使用寿命缩短。

其次，选用的清洗类的添加剂要能燃烧。原因是添加剂如果不能燃烧，那就会通过缸壁流向油底壳，稀释机油，影响润滑效果，可能导致拉缸、抱瓦。

如果你的发动机经常处于极限状态使用，比如，赛车，超载（当然我们建议不要超载，因为超载还会影响到刹车、方向及底盘结构强度等），在这种形势下，建议你可以考虑使用机油添加剂，即润滑类产品。选用这类产品时，要考虑环保要求，选用无铅添加剂。

选用低碳燃料

什么是低碳燃料？对各类燃料在生产、运输、储藏和消费等整个生命周期过程中排放的温室气体量进行计算和加总，然后将这一结果与汽油等传统石化燃料油在其生命周期内的温室气体排放量进行比较，排放量较低的燃料油即为低碳燃料。

2009年4月23日，美国加利福尼亚州通过了全美首个"低碳燃料"标准，旨在控制温室气体排放。据此标准，到2020年，在加利福尼亚州销售的汽车燃料，不管是汽油、柴油等化工燃料，还是利用玉米提取的生物燃料，其"碳含量"都必须降低10%，这要求产油公司、炼油厂、进口燃油者必须采取相应的技术措施，从燃料的生产到加工、消费环节提高燃料"清洁度"，或者采购并销售其他清洁的可替代能源。

欧洲即将要通过新的燃料品质管理法规，要求燃料供应商在2010—2020年之间，将燃料完整生命周期温室气体的废气排放量减少6%，即将执行6%低碳燃料标准。

在2009年前后，日本、韩国等中国周边国家和中国台湾、香港、澳门等地区车用汽柴油质量基本达到相当于欧5的质量标准，硫含量在10ppm（ppm为浓度计量单位，1ppm为$\frac{1}{1000000}$）以下。

我国按照国家质检总局和国家标准化管理委员会要求，2010年1月1日，将全部使用国3标准车用汽油。

汽车在不断更新换代，汽油这一忠实伴侣按照"门当户对"的原则，从未停止质量升级的步伐。

试验表明，汽车的排放、油耗与油品质量密切相关。在其他条件相同的情况下，油品质量是保证车辆工况及排放长期稳定的前提和关键。一定排放标准的汽车，使用相应质量标准的油品，不但更利于汽车机件保护，也可使汽车的工况、排放、油耗达到最佳状态。

从 20 世纪 70 年代美国车用汽油开始禁铅，到 1996 年全面禁铅，用了 21 年。

欧洲 1987 年通过相关标准禁止使用普通含铅汽油，1989 年 10 月欧洲多数国家开始使用无铅汽油，2005 年，含铅汽油开始全面退出历史舞台。

日本 1975 年开始推行无铅汽油，实现彻底无铅化大约用了 17 年。

我国从 1997 年推行汽油无铅化开始，拉开了油品质量升级的序幕，仅用 10 年就走完了欧美发达国家二三十年走过的油品质量升级道路。

欧美及国外部分发达国家汽柴油质量从 20 世纪 90 年代开始到目前为止，不断升级优化，大致经历了四个阶段，油品质量从相当于欧 1 标准到目前相当于欧 5 标准，每次升级的间隔在缩短，步伐在加快，基本是 3—5 年升级一次。每一次升级重点首先是硫含量的降低，其次是降低苯含量，全球趋势基本一致。

我国汽柴油质量升级起步晚，速度却与国外相当，基本上 3—4 年实现一次质量升级，尤其是北京市陆续推出较严格的地方车用燃料标准。

中国汽油从 2000 年 1 月 1 日执行车用无铅汽油标准 GBl7930－1999，其中硫含量不大于 1000ppm，北京、上海、广州于同年 7 月 1 日同时执行该标准，硫含量不大于 800ppm，苯含量不大于 2.5%，烯烃含量不大于 35%，芳烃含量不大于 40%。2004 年 10 月 1 日开始执行车用汽油标准京标 A，相当于欧 2 标准，汽油硫含量降至 500ppm。2005 年 7 月 1 日开始执行车用汽油标准京标 B，相当于欧 3 标准，汽油硫含量降至 150ppm，苯含量不大于 1%，烯烃含量不大于 18%，芳烃含量不大于 42%。为迎接奥运，北京于 2008 年 1 月 1 日起开始执行车用汽油标准京标 4，相当于欧 4 标准，汽油硫含量降至 50ppm，苯含量不大于 1%，烯烃含量不大于 25%，烯烃和芳烃含量不大于 60%。

一项权威项目环境影响评价结果显示，由于油品质量升级，北京市汽车尾气中排放的二氧化碳每年将减少 4000 吨以上，二氧化硫每年也减少 4000 吨以上。

选择低碳汽车油品，是现代人的正确之选。

（1）汽油和柴油。环保型的汽油和柴油能提高汽车的性能。它能清洁汽车的引擎，减少引擎的摩擦力，并使燃油能更充分燃烧，从而降低对空气的污染。

（2）生物液体燃料。生物液体燃料与传统车用燃料相比，可以带来二氧化碳减排。中国已经是世界燃料乙醇的第三大生产国和使用国。燃料乙醇在全国9个省的车用燃料市场得以推广和使用。

（3）E85乙醇汽油。国际钢铁协会旗下的国际钢铁汽车组织日前公布的一项最新研究报告显示，E85乙醇汽油（即85%乙醇和15%汽油的混合燃料）是当前可供选择的汽车燃料中二氧化碳排放量最低的一种。国际钢铁汽车组织利用美国加利福尼亚大学研究人员设计的一种计算模型对不同汽车燃料进行了分析。结果显示，与汽油、柴油及其他可替代能源相比，E85不仅具有原料资源丰富性、动力系统兼容性更好的特点，且二氧化碳排放量最低。此外，就汽车燃料的生产来看，E85生产过程中的二氧化碳排放量也最低。E85乙醇汽油属于第二代生物乙醇。第二代生物乙醇又被称为纤维素乙醇，是利用麦秆、草、木屑等农林废弃物的纤维素生产而成的，它摆脱了第一代生物乙醇原料过度依赖玉米等粮食作物的弊端。

汽车如何节能

（1）改善燃烧过程。汽车节能很重要的环节是改善燃烧过程，这方面已经取得了非常好的效果。例如，改善燃烧室形状、选择合理的空燃比以及采用计算机控制的燃油喷射系统，电子点火系统等。

（2）减少运动部件的摩擦损耗和车轮的滚动阻力。在这方面通过精心设计和制造，尽量减少运动部件的摩擦是有效的。为了减少轮胎的滚动阻力，最主要的是采用子午线轮胎。有资料显示：发动机输出功率的30%～40%消耗于轮胎的滚动阻力上，其中轮胎的变形阻力约占总阻力的90%以上。子午线轮胎的弹性好、寿命长、运行阻力小、节能显著。在货车上使用子午线轮胎大约可节油5%～10%。另外，设法提高轮胎的高气压比，也可改善燃油消耗。在有的载重车上，还采用平稳悬架辅助车轮技术，在满载时，将辅助轮放下，而在轻载或空载时将其升起，也具有较好的节能效果。

（3）提高传动系统效率。提高传动系统效率，选择最佳减速比也是提高燃油经济性的重要措施。如手动机械变速器加装超速挡；液力变矩器加装直接传动机构及发展无级变速等。

（4）减少附件功耗。出于汽车安全性、舒适性等方面的考虑，除了必备的附件，如发电机、冷却水泵、风扇等外，还增加了诸如空调、收放机、石英钟、影视系统、卫星定位导航、动力转向等很多附件。如何限制和降低附件的功耗也是不可忽视的。在这方面，像采用硅油离合器的冷却风扇，油耗可降低 4% ~8% 。

（5）发展低排量轻型车，改进公共交通系统。虽然低排量汽车不一定节油，但与高排量汽车相比，其总的油耗肯定是少的。有比例地发展载重车、轻型车、乘用车，使它们都各尽其职，物尽其用，可以减少燃油的浪费。另外，大力发展和改进公共交通系统也是可行的。

（6）推广先进的汽车诊断技术，加强汽车的维护保养。汽车技术状况的好坏，直接影响燃油的消耗。采用先进的汽车诊断技术，定期进行维护保养，使车辆始终处于良好的状况，可降低燃油的消耗。

（7）提高驾驶人员的技能。驾驶人员的技能对燃油的消耗起着至关重要的作用。一辆技术状况再好的汽车，如果不能正确合理驾驶，较别人多耗油 10% ~20% 也是可能的。合理驾驶包括选择合理的行车路线及合理的操作，包括如换挡、刹车、车速控制、滑行等。因此，对驾驶人员进行培训是必不可少的。

 知识点

四冲程

一个周期由四个冲程构成，或者活塞在气缸中单方向的直线运动：进气（吸气）冲程、压缩冲程、做功（点火）冲程和排气冲程。四冲程发动机比两冲程的效率要高很多。不过需要相当多的可移动零件以及更高的制造技术。大部分的四冲程发动机，气门都是简单地随着弹簧的

返回而关闭。随着发动机转速的提高，弹簧推动气门开合的时间会有所改变，而这时间的改变不利于发动机的性能发挥。这个问题的解决办法之一是连控轨道阀调速系统。这个系统是用一个机械装置调整气门的开合。这样就可以得到更高转速的发动机。

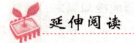
延伸阅读

发动机的组成

发动机是汽车的动力装置，由两大机构五大系组成，不过柴油机比汽油机少一个点火系统。两大结构是：①曲柄连杆机构：连杆、曲轴、轴瓦、飞轮、活塞、活塞环、活塞销、曲轴油封。②配气机构：汽缸盖、气门室盖罩、凸轮轴、气门进气歧管、排气歧管、空气过滤器、消音器、三元催化增压器、制冷器等。五大系是：①冷却系：一般由水箱、水泵、散热器、风扇、节温器、水温表和放水开关组成。汽车发动机采用两种冷却方式，即空气冷却和水冷却。一般汽车发动机多采用水冷却。②润滑系：发动机润滑系由机油泵、集滤器、机油滤清器、油道、限压阀、机油表、感压塞及油尺等组成。③燃油供给系：汽油机燃油系统包括汽油箱、汽油表、汽油管、汽油滤清器、汽油泵、化油器、空气滤清器等。柴油机燃油系统包括喷油泵、喷油器和调速器等主要部件及柴油箱、输油泵、油水分离器、柴油滤清器、喷油提前器和高、低压油管等辅助装置。④启动系：起动机、点火开关、蓄电池。⑤点火系：火花塞、高压线、高压线圈、分电器。

"用"出低碳生活

（1）自备购物袋或重复使用塑料袋购物。塑料的原料主要来自不可再生的煤、石油、天然气等矿物能源，节约塑料袋就是节约地球能源。我国每年塑料废弃量超过一百万吨，"用了就扔"的塑料袋不仅造成了资源的巨大浪费，而且使垃圾量剧增。

（2）购买本地的产品。购买本地的产品能减少在产品运输时产生的二氧化碳。例如，根据环境、食品和乡村事务部公布的一份报告，在英国，8％从车子释放的二氧化碳来自运送非本地产品的车辆。

购　物

（3）购买季节性的产品。购买季节性的水果和蔬菜能减少温室生长的农作物。很多温室都消耗大量的能源来种植非季节性的产品。一方水土养一方人，本地的食品最适合当地人食用。本地生产的其他商品，维修保养方便且成本低廉。季节性的食品是在最适宜该物种生长的自然生态下成熟的，最富营养，同时也少有各种催生的添加品。而反季节食品不仅价格贵而且营养较少，添加的农药、化肥和催生剂也危害健康。

（4）减少肉、蛋、奶等动物性食品的采购。饲养家畜要消耗掉三分之二以上的耕地；地球上人为产生的甲烷中，畜牧业就占16％。肉类的生产、包装、运输和烹饪所消耗的能量比植物性食物要多得多，其对引发地球温室效应所占人类行为的比重高达25％。

（5）少用一次性制品。商场里充斥着一次性用品：一次性餐具、一次性牙刷、一次性雨衣、一次性签字笔……一次性用品给人们带来了短暂的便利，却给生态环境带来了灾难。它们加快了地球资源的耗竭，所产生的大量垃圾造成环境污染。以一次性筷子为例，我国每年向日本和韩国出口约150万立方米，需要损耗200万平方米的森林资源。

（6）不要掉进奢侈品的陷阱。越时尚的商品，更新换代的速度越快。无论是电子产品还是时髦的服装，商家通过不断地推陈出新，刺激人们的购买欲。那些追求奢侈品消费的"月光族"和"车奴"、"卡奴"，不仅浪费资源，还使自己背上沉重的经济枷锁，究竟是富人还是"负人"，只能冷暖自知。

（7）不要过度包装。注意购买包装简单的产品。这代表在包装的生产过程中，消耗了较少的能量。减少了送往垃圾填埋地的垃圾，也减少消费者的经济负担。

（8）尽量使用再循环材料。比起用原始材料制造的产品，用再循环材料制造的产品，一般消耗较少的能源。例如，使用回收钢铁来生产所消耗的能源比使用新的钢铁少75%。

全球变暖给我们敲响了警钟，地球，正面临巨大的挑战。保护地球，就是保护我们的家。

塑　料

塑料为合成的高分子化合物，是利用单体原料以合成或缩合反应聚合而成的材料，由合成树脂及填料、增塑剂、稳定剂、润滑剂、色料等添加剂组成的。优点是：大部分塑料的抗腐蚀能力强，制造成本低，耐用、防水、质轻，容易被塑制成不同形状，良好的绝缘体；用于制备燃料油和燃料气可降低原油消耗。缺点是：回收利用废弃塑料时，分类十分困难；塑料容易燃烧，燃烧时产生有毒气体；塑料埋在地底下几百年、几千年甚至几万年也不会腐烂；塑料的耐热性能等较差，易于老化。由于塑料的无法自然降解性，现在已成为污染人类生活环境的大敌。

 延伸阅读

手工冷制皂

一个女孩来到自己的工作室，泡了杯香茶，开始准备原料：锅子、模具、橄榄油、乳木果油、精油……花草汁在砂锅中煎煮着，让整个房间充满了迷人的香气；水果已经榨成了汁，多余的可以先喝掉一点。在阳光和香气中，她开始了一天的工作。

这种制皂法许多年前从欧洲起源，以水加苛性钠（取自海盐）加油脂为主要原料，经过自然的皂化反应而成。最简单的手工肥皂，可以用厨房废弃的回锅油，以精制的食品盒为模子做出来，清洁效果比买来的肥皂还好。而女孩从制作这种清洁皂开始，慢慢研究出了添加牛奶、鲜花、水果、绿茶等天然素材的美容护肤皂，并开了一家冷制皂淘宝店，让它变成了自己的职业。

没有任何动物油脂和化学合成成分，以天然有机植物油和果蔬药草做原料，是女孩工作室的手工冷制皂的原则。

她说："与工业产香皂最大的不同，是手工冷制皂不含有害化学添加剂，与水接触后只会被分解成水和二氧化碳，而低于40℃的制作过程也保留了原料中的营养。因此它们不仅对肌肤温和，还保护了水资源和生态系统，有利于自然界中碳循环的正常进行。"

低碳生活之节能篇
DITAN SHENGHUO ZHI JIENENG PIAN

　　有人觉得低碳是一个大工程，离自己很遥远，其实低碳生活就体现在每个人的举手投足之间。我们日常的一些行为的改变，就可以减少能源的消耗。例如，洗手、洗澡、洗衣、洗菜的水和较干净的洗碗水，都可以收集起来洗抹布、擦地板、冲马桶；离家较近的上班族可以骑自行车上下班而不是开车；在不需要继续充电时，随手从插座上拔掉充电器；如果一个小时之内不使用电脑，顺手关上主机和显示器；每天洗澡时用淋浴代替盆浴，每人全年可以减少约 0.1 吨二氧化碳的排放；回收 1 吨废纸能生产 0.8 吨的再生纸，可以少砍 17 棵大树，节约一半以上的造纸原料……还可以根据不同的环境、地点，进行适当的调整。

　　总之，低碳的方式形形色色，有的很有趣，有的不免有些麻烦。但前提是在不降低生活质量的情况下，尽其所能的节能减排。中国环境科学学会秘书长任官平对《生命时报》的一句话说得好："节能就是最大的减碳。"

空调器省电

空调省电

（1）减少空调的冷、热负荷。主要方法有：改善建筑物围护结构的热工性能与光学性能；采用高效冷光光源，选择合适的照度，采用钥匙控制开关来控制室内主要用电器具。

（2）提高空调装置的运行效率。主要方法有：选择单机效率高的制冷机、风机、水泵电机等设备；单机容量和台数可与冷（热）负载变化规律相匹配，实行经济运行；采用经济合理的调速方式，使单机与系统保持在高效区运行。

空　调

（3）规定合理的温、湿度标准，采用多功能温控器，对室内的空气温、湿度进行自动调整。

（4）对风管进行保温隔热，消除漏风，减少系统的循环风量。

（5）回收排风中冷量（或热量），用于对新风量的预冷（或预热）。

（6）中央空调系统可采用蓄冷技术，即可采用蓄冰（或冷冻水）制冷方式运行。

（7）使用时注意关好门窗，减少自然风的对流，减少热（或者冷）损失，以减轻压缩机的负担，节约电能。

（8）注意经常清洗滤网，提高制冷或制热效率。

（9）制热时，设置的温度不要过高，制冷时，不要过低，避免浪费电能。

电风扇省电

（1）选购质量过硬的产品，由于风扇行业技术门槛低，市场上产品参差不齐，所以一定要选择知名品牌的产品，这样能够保证质量，质量好的风扇耗电少。

（2）由于风扇能直接将电能转化为动能，耗电量非常低，最高功率仅60瓦，相当于普通照明的台灯所耗的电量。因此从节约能源的角度来说，盛夏季节使用风扇无疑是最佳的选择。而将风扇搭配空调一起使用，空调温度设定在26℃~28℃，既省电又省钱。

风　扇

（3）就风扇本身的使用来说，一般扇叶大的风扇，电功率就大，消耗的电能也就多，电风扇的耗电量与扇叶的转速成正比，如400毫米的电扇，用快挡时耗电量为60瓦，使用慢挡，只有40瓦，同一台电风扇的最快挡与最慢挡的耗电量相差40%，在快挡上使用1小时的耗电量可在慢挡上使用将近2小时。平时先开快挡，凉下来后多用慢挡，就可以减少电风扇的耗电。在风量满足使用要求的情况下，尽量使用中挡或慢挡。

（4）在使用时，风扇最好放置在门、窗旁边，便于空气流通，提高降温效果，缩短使用时间，减少耗电量。

（5）平时注意风扇的维护，保持它的良好性能，避免风叶变形、震动等情况发生，这样，在一定程度上也有利于电能的节省。

知识点

制冷机

　　制冷机是将具有较低温度的被冷却物体的热量转移给环境介质从而获得冷量的机器。从较低温度物体转移的热量习惯上称为冷量。制冷机内参与热力过程变化（能量转换和热量转移）的工质称为制冷剂。制冷的温度范围通常在120K以上，120K以下属深低温技术范围。制冷机广泛应用于工农业生产和日常生活中。

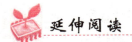

延伸阅读

制冷机发展历程

　　1834年，美国的珀金斯试制成功人力转动的用乙醚为工质的可以连续工作的制冷机。1844年，美国的戈里试制了用空气为工质的制冷机，用在医院中制冰和冷却空气。1872—1874年，贝尔和林德分别在美国和德国发明了氨压缩机，并制成了氨蒸气压缩式制冷机，这是现代压缩式制冷机的发端。19世纪50年代，法国的卡雷兄弟先后研制成功以硫酸和水为工质的吸收式制冷机和氨水吸收式制冷机。1910年出现了蒸汽喷射式制冷机。1930年出现了氟利昂制冷剂，促进了压缩式制冷机的迅速发展。1945年，美国研制成功溴化锂吸收式制冷机。

声像电器省电

电视机省电

　　电视机在开机状态功耗并不是恒定的，电视机显示器从最亮到最暗功耗可能差 30 ~ 50 瓦，因此应将电视机调到适合亮度。可以在室内开一盏低瓦数的日光灯，把电视亮度调小一点儿，收看效果好且使眼睛不易疲劳。

液晶电视

收看电视时，音量的大小是与耗电量成正比的，音量越大，耗电量越多，而且开得过大，不仅音质失真，还会缩短电视机的使用寿命。因此，收看电视节目时，音量开适中即可，只要耳朵能听得清楚，就不必开得很大，而且适中的音量，能听到最佳音质。

勿用遥控器关闭电视使电视机处于待机状态。

有的电视机在关闭开关后显像管还在预热，所以应将电源彻底断掉。

最好给电视机加盖防尘罩。加防尘罩可防止电视机吸进灰尘，灰尘多了就可能漏电，增加电耗，还会影响图像和伴音质量。

看完电视后应及时关机或拔下电源插头，因为有些电视机在关闭后，显像管仍有灯丝预热，遥控电视机关机后仍处在整机待用状态，还在用电。

电脑省电

电脑已成为人们日常工作和生活中必不可少的一部分，近来电脑节能也开始引起广泛的注意。那么，电脑如何节能呢？专家指出，使用方法得当，设备适当是电脑节能的关键。

首先，当然是不用的时候应关机。如果长时间不使用电脑，用户应将电脑的主机和显示器关闭。短暂休息期间，尽量启用电脑的"睡眠"模式，这种低能耗模式可以将能源消耗降低到一半以下。同时，不妨缩短显示器自动进入"睡眠"模式前的运行时间，这样自然会更省电。值得注意的是，关机之后，一定要记得将插头拔出。这是因为，即使关了机，只要插头还没拔，电脑照样有4.8瓦的能耗。

其次，使用的时候有讲究。显示器是比较耗电的，如果其亮度很高的话，不仅会对使用者的视力造成危害，耗电量也会增大。因此平日使用电脑时，可适当调低显示器亮度。在用电脑听音乐时，可以将显示器关闭。尽量使用硬盘而不是软盘或者光盘进行工作。硬盘速度快，不易磨损，而且开机后硬盘就会开始高速运转，不用也在运行中。所以，软盘等上面的文件最好转移到本机硬盘上进行操作。

再次，电脑外设也是需要省电的。如果不用时，可以拔去多余的外置设备，有利于降低电力消耗。例如音箱是会耗电的，在用电脑听音乐或者看影碟时，最好使用耳机，以减少音箱的耗电量。如果使用音箱，听完后应将其关闭，并将其插头拔出。又如打印机，不用的时候最好关掉。长时间不用应拔掉插头。

另外，平时的保养也很重要。应注意对电脑的日常清洁，如果机箱内灰尘过多，会影响电脑的散热，而显示器屏幕浮着的灰尘也会影响到其亮度。定期清洁擦拭，不仅省电还可以使电脑得到良好的保养。

如果你需要更新设备，不妨考虑以下因素：笔记本电脑比普通电脑耗能少许多；喷墨打印机耗能比激光打印机少许多；选择适合需要、大小适当的复印机；打印机与复印机联网，可以减少它们的空闲时间，效益更高；选择适当大小的显示器，因为显示器越大，消耗的能源越多。例如，一台17英寸的显示器比14英寸显示器耗能多35%。

MP3 省电

一款MP3是否拥有较长的待机时间，用户可从前面提到的三个方面去衡量。然而能把以上三个方面顾全的产品，市场上可谓凤毛麟角。看来如何让自己的MP3更省电，对用户可能更为实际些。下面就为大家支上几招。

（1）音量不要开太高。这确实是最直接有效的方法。国内各大厂商均是在音量为一定的前提下测出最长待机时间的。如果音量开高了，待机时长自然就少。这不仅耗电，还对耳朵也会造成一定影响，所以在周围较安静的时候，还是应该把音量开低。

（2）关闭屏幕。一般大家在欣赏音乐时，很少会看着屏幕（视频除外）。因此，在听歌时关闭屏幕也是省电的关键之一。普通 MP3 里均有屏幕设置一项，用户只要把它设置成多少秒或多少分钟后自动关闭屏幕就 OK 了。

（3）更换好的耳机。一款好的耳机不仅有更大的音场效果，还使 MP3 的音质更加完美。这样一来，用户不但不用把音量开的很高，更可以把机器内效果一般的音效等关闭。要知道这些内置的音效可都是耗电的。

（4）间隔使用电池。从干电池的角度出发，间隔使用比连续使用的寿命会更高些。就算已经没电了，搁上一段时间，就可以再听上三四首歌。

数码相机省电

经常使用数码相机的人都会遇到一个问题——耗电量大。往往正是需要的时候却没电了，怎样避免这种情况呢？

（1）设置各种自动关闭功能数码相机一般都设计了一些对比较耗电内容的自动停止功能。如 30 秒内无操作时，相机自动休眠，LCD 彩色液晶屏自动关闭等。重新开启这些功能，会比重新开机快得多。这样用户可根据各自的使用习惯或当时的具体情况，设置具体的休眠时间，这样即可达到省电的目的，又不太会错过较重要的拍摄机会。

数码相机

（2）关闭自动跟踪对焦。有一些数码相机具有自动跟踪对焦的功能。所谓自动跟踪对焦即是当数码相机处于开机拍摄状态时，相机一直对其取景器所摄取到的目标不停顿地进行对焦，此时你会感觉到镜头一直在动。既然有动作当然会消耗电量。其实大多数情况下，没有必要使用自动跟踪对焦，特殊情况时（如进行微距拍摄），才比较有用。既然如此，平时大可将它关闭。

（3）关闭 LCD，使用光学取景器。数码相机除了光学取景器以外，同时还具有使用彩色液晶屏进行取景的一大优点，而且，在液晶屏上所看到的影像与最终拍摄到的照片几乎完全一致，一般其覆盖率为 97% 左右，这为很多的拍摄情况带来了方便。但是，相信您还是有非常多的拍摄情况并不一定要用液晶屏取景，尤其是在当您已经比较熟悉了自己手中的数码相机时。LCD 在数码相机上可是一个耗电大户。以佳能 334 万像素的数码相机 PowerS 小时 ot G1 为例，在 LCD 开启时，电池寿命可支持拍摄 260 张左右；而 LCD 关闭时，可支持 800 张左右的拍摄。LCD 的耗电，由此可见一斑。所以，如果您想省电的话，LCD 取景能不用时，还是不用为好。

（4）开启拍照预览模式 配合着关闭 LCD 的拍摄。您可以将数码相机的拍摄预览功能打开，所谓拍摄预览是指：当一次拍摄完成时，彩色 LCD 屏可将刚刚拍到的照片立刻进行显示（停留 2 秒、10 秒或更长），然后，自动恢复关闭状态。这样就既能即刻审视照片，又能达到节省耗电的目的。

（5）控制照片的浏览回放。既然我们已知道 LCD 非常耗电，那么，控制一下用其来观看照片的时间，当然可以节省不少的电量。

（6）闪光灯与 ISO 值的合理配合。另外，我们知道，闪光灯也是比较耗电的，在光线不足时，闪光灯的使用是必然的。但是，数码相机 ISO 值的可调性，使得我们有时可通过调高 ISO 值、增加曝光补偿等办法，减少闪光灯的使用次数。

 知识点

液　晶

　　液晶是一种高分子材料，它是奥地利物理学家莱尼茨尔在 1888 年合成的有机化合物，它有两个熔点，把它的固态晶体加热到 145℃ 时，便熔成液体，只不过是浑浊的，而一切纯净物质熔化时却是透明的。如果继续加热到 175℃ 时，它似乎再次熔化，变成清澈透明的液体。后来，

德国物理学家列曼把处于"中间地带"的浑浊液体叫作液晶。它好比是既不像马，又不像驴的骡子，所以有人称它为有机界的骡子。液晶自被发现后，人们并不知道它有何用途，直到 1968 年，人们才把它作为电子工业上的材料。

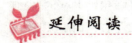

延伸阅读

不可小瞧的"1"

我们日常微不足道的行为和习惯，到底有多低碳呢？看看下面这些数据，或许你觉得低碳生活更加富有意义了。

1. 少搭乘 1 次电梯，就减少 0.218 千克的碳排放量。

2. 少开冷气 1 小时，就减少 0.621 千克的碳排放量。

3. 少开车 1 千米，就减少 0.22 千克的碳排放量。

4. 少吃 1 次快餐，就减少 0.48 千克的碳排放量。

5. 少丢 1 千克垃圾，就减少 2.06 千克的碳排放量。

6. 少吃 1 千克牛肉，就减少 13 千克的碳排放量。

7. 省一度电，就减少 0.638 千克的碳排放量。

8. 省一立方米水，就减少 0.194 千克的碳排放量。

9. 省一立方米天然气，就减少 2.1 千克的碳排放量。

照明灯具省电

什么是绿色照明

绿色照明是通过科学的照明设计，采用效率高、寿命长、安全，性能稳定的节能电器产品，包括高效节能光源、高效节能附件（如镇流器）、高效节能灯具以达到高效、舒适、安全、经济、有益环境和提高人们工作和生活的质量以及有益人们身心健康的目的、并体现现代文明的照明系统。

绿色照明旨在节约能源、保护环境、提高人类的照明质量。绿色照明应该具有以下特点。

（1）无污染。坚决抵制液汞，采用固汞、汞齐，甚至于无汞技术，以防止灯具破裂后汞蒸气挥发造成对人体的危害。

（2）节能产品在实际使用中节能效应要显著，产品具有可调光的功能，将有利于帮助产品进一步节能。

（3）制造过程中的能源消耗控制。尽量杜绝使用劣质材料加工的产品，如卤粉制成的日光灯、节能灯，寿命短，光衰大，不仅造成原材料的浪费，也造成了制造过程中水、电、煤等天然资源的浪费。

（4）用材优采用优质焊接的照明产品。

（5）辐射小。电磁波辐射在安全范围之内，不对环境和人类造成影响。

什么是节能灯

节能灯，又称为省电灯泡、电子灯泡、紧凑型荧光灯及一体式荧光灯，它是将荧光灯与镇流器（安定器）组合成一个整体的照明设备。节能灯的尺寸与白炽灯相近，灯座的接口也与白炽灯相同，所以可以直接替换白炽灯。节能灯的正式名称是稀土三基色紧凑型荧光灯，20 世纪 70 年代诞生于荷兰的飞利浦公司。

节能灯实际上就是一种紧凑型、自带镇流器的日光灯，节能灯点燃时首先通过电子镇流器给灯管灯丝加热，涂有电子粉的灯丝开始发射电子，其电子粉是熔点高而逸出功低（吸收较低的能量就可发射电子）的稀有金属钍、铯等粉末，电子碰撞充装在灯管内的氩原子，氩原子碰撞后获得了能量又撞击内部的汞原子，汞原子在吸收能量后跃迁产生电离，灯管内形成等离子态，灯管两端电压直接通过等离子态导通并发出 253.7nm 的紫外线，紫外线激发荧光粉发光，由于荧光灯工作时灯丝的温度在 1160K 左右，比白炽灯工作的温度 2200K～2700K 低很多，所以它的寿命也大提高，达到 5000 小时以上，由于它使用效率较高的电子镇流器，同时不存在白炽灯那样的电流热效应，荧光粉的能量转换效率也很高，达到每瓦 50 流明（光通量的单位）以上，这种光源在达到同样光能输出的前提下，只需耗费普通白炽灯用电量的五分之一至四分之一，从而可以节约大量的照明电能和费用。

什么是高压钠灯

高压钠灯是我国正在推广使用的第三代绿色照明节能光源。高压钠灯是一种高强度气体放电灯，工作时发出金白色光，其发光管采用半透明氧化铝

高压钠灯

管制成，灯的外壳采用硬质玻璃。当灯泡启动后，电弧管两端电极之间产生电弧，由于电弧的高温作用使管内的钠汞一起受热蒸发成为汞蒸气和钠蒸气，阴极发射的电在向阳极运动过程中，撞击放电物质原子，使其获得能量产生电离激发，然后由激发态回复到稳定态；或由电离态变为激发态，再回到基态无限循环，多余的能量以光辐射的形式释放，便产生了光。高压钠灯中放电物质蒸

气压很高，即钠原子密度高，电子与钠原子之间碰撞次数频繁，使共振辐射谱线加宽，出现其他可见光谱的辐射，因此高压钠灯的光色优于低压钠灯。高压钠灯具有高效、节能、光通量高、透雾性强、光色柔和、寿命长等优点，广泛应用在广场、街道、机场、港口、隧道、大桥、工矿厂房等需要照明的场所。高显色高压钠灯主要应用于体育馆、展览厅、娱乐场、百货商店和宾馆等场所照明。由于气体放电灯泡的负阻特性，如果把灯泡单独接到电网中去，其工作状态是不稳定的，随着放电过程的继续，它必将导致电路中电流无限上升，最后直至灯光或电路中的零部件被过流烧毁。

金属卤化物灯的优势

金属卤化物灯作为一种新型光源，其发光效率高、光色好、应用范围广，是重要的节能光源。与发出暗黄色光的高压钠灯和发出蓝色光的高压汞灯相

比，金卤灯所发出的舒适纯白色光受到大多数工业场所和商业场所的喜爱，它可使暗室内或夜色下的景致如同在阳光照耀下一样色彩艳丽。金属卤化物灯可制成由 20～30000 瓦不同功率的光源，可广泛用于彩色电影电视的录制播放、印刷制版、体育场馆、广场、街道、铁路、码头、施工工地、大型厂房等的照明。金卤灯是放电灯家族的最新成员，它在许多领域已经取代了白炽灯、高压钠灯和高压汞灯。金卤灯的主要优越性在于其体积较小，一只100 瓦的金卤灯电弧管只有 1 英寸（1 英寸 = 0.025 米），可安装在很小的外管中。另外，金卤灯对能源的需求明显小于其他灯，所以大大减少了发电过程中废气废渣的排放量，不愧为环保型产品。目前金属卤化物的点灯方式可分为三种：交流点灯、直流点灯和高频点灯。目前市场上金属卤素灯泡的功率一般为 35～2000 瓦，分为大、中、小三种类型。大多数灯泡生产商通常供应从 175～400 瓦的中型灯泡，如 175 瓦、200 瓦、225 瓦、250 瓦、300 瓦、320 瓦、350 瓦、360 瓦、400 瓦。日光色金属卤化物灯是国际上最新一代节能光源，显色指数达 65～90，适用于照明要求较高的各种场所的泛光照明。进口管芯与高技术完善结合，质量可靠。

目前，国内外金属卤化物灯的最低标准为 35 瓦。低于 35 瓦的超小功率类则因为使用常规的办法（即一个电感外加一个触发器）难以点亮而一直处于开发盲区。其关键在于因灯的弧光闪动而出现"熄弧现象"，而且高温下再启动有较大隐患。通过采用高频电磁场激发起辉，不仅可以杜绝"熄弧现象"，而且突然停电后可在热态启动下自动保护，直至灯冷却后自动将灯点亮，不需要人为控制，自然也不存在绝缘安全问题。

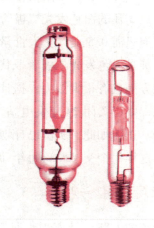

金属卤化物灯

另外，此类灯的相关激发装置体积小、重量轻、成本低，便于开发。有关专家建议普及推广使用超小功率金属卤化物灯，主要理由是金属卤化物灯发光效率高，相当于普通灯泡发光效率的 10 倍以上；节能效果明显，相同亮度条件下比普通灯泡省电 80% 以上；光色好，使人眼观察到的各种颜色的物体更逼真；用汞量仅为汞灯的十分之一，对环境污染非常小；寿命长，一般可在10000—20000 小时之间。

发光二极管的优势

为了充分发挥发光二极管的照明潜力，近年来，科学家开发出了用于照明的新型发光二极管灯泡。这种灯泡具有效率高、寿命长的特点，可连续使用 10 万小时，比普通白炽灯泡长 100 倍。长期以来，人们之所以没有将发光二极管用于照明，主要是因为发光二极管通常只能发出红色光或黄色光，要想获得白色光，还必须制造出能发出蓝光的发光二极管。这样，红、黄、蓝三种光混合后，就会发出白光了。

英国剑桥大学材料系在实验中研制出可发白光的发光二极管灯泡，这种灯泡发出的光线与阳光十分接近，具有良好的应用前景。这种发光装置可以做得很小，只有几毫米，将其安装在墙壁或天花板上，如果不开灯，几乎察觉不到它们的存在。

当然，灯泡从日常生活中消失还有相当长的时间，在现今的工艺条件下，制造一只 3 瓦的白色发光二极管成本约为 100 美元，而与之亮度相当的 60 瓦白炽灯泡只需 0.5 美元。大批量生产也许会大幅度降低成本，但价格上的差异，无疑是白色发光二极管取代灯泡的一大障碍。除经久耐用外，这种灯泡在节能方面也有很大潜力，据计算，如果美国的灯泡中有一半使用发光二极管灯泡，则可关闭 24 座发电站，节省数十亿美元，二氧化碳的排放量也将明显下降。正因如此，美国已计划到 2006 年，所有的交通灯都使用发光二极管灯泡，这样每个交叉路口每年即可节省 750 美元。

家用照明巧规划

传统的电路设计着力点是装饰，客厅、餐厅一律用大吊灯，在陈列柜、背景墙周围装满了小射灯、支架光管。一到晚上，吃一顿饭、看看电视就要把吊灯、背景灯打开，造成极大的能源浪费。

如果要考虑节能，在装修设计时，就要根据建筑的空间合理布局，尽量利用自然光。

根据居室结构、采光条件和平时生活起居合理安排灯的布局。客人来时及会餐时可以把大多数光源打开。看电视或与客人聊天时，可以打开在沙发顶上或背后几盏装饰性很强的造型灯（用节能灯），这样既能达到豪宅的效果又能满足节能方案。

根据不同的位置选择相应的功率。功率过大会费电，功率过小又达不到照明效果。一般来说，卫生间的照明每平方米 2 瓦就可以了；餐厅和厨房每平方米 4 瓦也足够了；而书房和客厅要大些，每平方米需 8 瓦；在写字台和床头柜上的台灯可用 15 ~ 60 瓦的灯泡，最好不要超过 60 瓦。

 知识点

稀　土

稀土就是化学元素周期表中镧系元素——镧（La）、铈（Ce）、镨（Pr）、钕（Nd）、钜（Pm）、钐（Sm）、铕（Eu）、钆（Gd）、铽（Tb）、镝（Dy）、钬（Ho）、铒（Er）、铥（Tm）、镱（Yb）、镥（Lu），以及与镧系的 15 个元素密切相关的两个元素——钪（Sc）和钇（Y）共 17 种元素，称为稀土元素（Rare Earth），简称稀土（RE 或 R）。

稀土是一组同时具有电、磁、光、以及生物等多种特性的新型功能材料，是信息技术、生物技术、能源技术等高技术领域和国防建设的重要基础材料，同时也对改造某些传统产业，如农业、化工、建材等起着重要作用。因此有"工业维生素"的美称。日本是稀土的主要使用国，目前中国出口的稀土数量居全球之首。稀土作为许多重大武器系统的关键材料，美国几乎都需从中国进口。

 延伸阅读

森林女孩

2010 年 3 月 27 日晚上 8 点半至 9 点半，是"为地球关灯一小时"活动

举行的时间，此活动更是提醒我们注重环保低碳意识。地球只有一个，保护它应该贯彻于日常生活中，小家庭的细节努力，个人的简单生活，才能天长日久地让低碳生活成为放大的绿色氧气。在这股绿色风潮中，涌现了一些自称"森林女孩"的年轻人。

"森林女孩"简称"森女"，又称"氧气女孩"，她们自然、简约、舒畅的绿色生活方式使她们成为身体力行的低碳生活推广者。2010 年，"森女族"的出现，顿时让我们领略到原来在时尚的生活里处处可以做到低碳环保。"森女一族"摒弃奢侈浪费的名牌生活，身穿棉布长裙，拒穿皮草，注重环保，推崇"裸妆"，即不化妆，或者只化淡妆。

这种犹如森林般清新宜人的大自然生活很快被更多的成人所青睐，不同年龄的人，在生活细节上极致发挥着"森女"的精华，因为爱护家园、呵护地球是我们每个人的责任。

清洁器具节能

洗衣机省水省电

将脏衣物先浸泡 20 分钟左右，再放入洗衣机内进行洗涤。

洗衣机有强、中、弱三档，一般情况下，使用中、弱两档，只有洗绒毯、沙发布和帆布等时才用强档。

采用集中洗涤的方法。即一桶洗涤剂连续洗几批衣物，先洗浅色，后洗深色，洗衣粉可适当增添，全部洗完后逐一漂清。

带动波轮的胶带打滑时，要及时收紧。

脱水时间最好不要超过 5 分钟，脱水时间过长，除了费电，没有其他作用。

洗衣机应该尽量放在平坦干燥的地方，这样更能发挥其洗涤效率，减少用电量。

要根据衣物的脏净程度选择不同的起始洗涤程序，对于不太脏的衣物选用快速洗涤，可省水、省电、省时间。

在洗涤前最好对过脏的衣物进行预处理，如在衣领、袖口等较脏的部位喷洒少许衣领净，或用洗衣盆将衣物浸泡一段时间，这样不仅省电省水，还能提高洗净度。

吸尘器省电

如今，吸尘器已经逐渐成为越来越多家庭的清洁工具，而它在省电节能上也存在着很大的空间。

（1）做好用前准备。在使用吸尘器前，最好先清理房间，将地板上的杂物收拾好，以便缩短清扫时间。有数据显示，如果将平均 5 分 12 秒的使用时间缩短为 4 分钟后，全年可以省电 6.43 千瓦时。在每次使用前，要认真检查吸尘器的风道、吸嘴、软管及进风口有无杂物堵塞，若发现有堵塞时，应

吸尘器

立刻清除。此外，还应认真检查吸嘴与软管是否接牢，若连接不牢也会使吸尘器漏风，影响吸尘器的吸力，增加耗电。

（2）定时清洗"两袋"若吸尘器过滤袋中的灰尘不及时清除，吸尘器的吸力将会减弱，在相同功率下，吸物能力将降低，耗电量也将增加。如果定时清除过滤袋中的灰尘，就可减少气流阻力，提高吸尘效率，减少电耗。另外，使用干净集尘袋与使用满是垃圾的集尘袋相比，全年可以省电 1.57 千瓦时。因此，应经常清洗吸尘器的集尘袋和检查过滤袋，这样可增强吸尘器的吸力。

（3）正确选择吸嘴选用正确的吸嘴可使吸尘器的吸力增强，工作效率则会提高，从而节省电能。所以，使用吸尘器时，一定要依据不同情况选择吸嘴，如清洁沙发时应用家具垫吸嘴，清洁书柜或天花板时应选用圆吸嘴，清洁地毯或地板时应选用地毯、地板两用吸嘴，而清洁墙角或墙边时应选用缝

隙吸嘴等。当然，使用吸尘器时根据不同情况选择适当功率挡也很重要。

电熨斗省电

（1）熨衣服前3分钟通电，使电熨斗温度恰到好处。

（2）使用蒸汽电熨斗时，加热水，省电又省时。

（3）先熨需要温度较低的尼龙、涤纶类织物，后熨需要温度较高的棉、麻、毛类织物。

（4）每次熨衣服时，以去除织物皱痕为准，不宜熨过长时间。绢物或化学纤维类衣服，一经受热，皱痕即消失；故最佳方法是拔出插头，切断电源利用余热熨烫。

（5）选购电熨斗应买能够调温的。功率宁可大一些，而不宜选功率较小的，如买500瓦或700瓦调温电熨斗，这种电熨斗升温快，达到使用要求后能自动断电，不仅能节约用电，而且能保证熨烫质量，节约时间。

 知识点

功　率

　　功率是指物体在单位时间内所做的功，即功率是描述做功快慢的物理量。功的数量一定，时间越短，功率值就越大。求功率的公式为功率＝功/时间，公式是P＝W/t。功率的单位是瓦，即w，我们在媒体上常常看见的功率单位有kw、ps、hp、bhp等，在这里边千瓦kw是国际标准单位，1kw＝1000w，用1秒做完1000焦耳的功，其功率就是1kw。功率俗称为马力，单位是匹，就像将扭矩称为扭力一样。

 延伸阅读

环保宣传标语

保护环境就是保护我们自己。

破坏环境，就是破坏我们赖以生存的家园。

土壤不能再生，防止土壤污染和沙化，减少水土流失。

环保不分民族，生态没有国界。不要旁观，请加入行动者的行列。今天节约一滴水，留给后人一滴血。

没有地球的健康就没有人类的健康，与自然重建和谐，与地球重修旧好。

垃圾混置是垃圾，垃圾分类是资源。

用行动护卫家园，用热血浇灌地球。

破坏环境，祸及千古；保护环境，功盖千秋。

人类若不能与其他物种共存，便不能与这个星球共存。

人类只有一个可生息的村庄——地球。保护环境是每个地球村民的责任。

厨房节能

微波炉省电

（1）减少启动次数，微波炉启动时的功率一般都大于正常工作的功率，因此使用微波炉应掌握菜肴的烹调时间，以减少关机查看的次数，做到一次启动烹调完毕。

（2）选择适当的挡位烹调菜肴品种，在同样长的时间内使用中微波挡所耗电能只有强微波挡的一半，如只需要保持嫩脆、色泽的肉片或蔬菜等，宜选用强微波挡烹调，而炖肉、煮粥、煮汤则可使用中挡强度的微波进行烹调。

（3）减少开关次数。在使用较小容器做饭菜或热饭时，可在转盘上同时设置 2~3 个容器，开机时间增加 1—2 分钟，这样就可减少开关次数了。

（4）一次烹调菜肴数量不宜过多，烹调一个菜以不超过 0.5 千克为宜，否则不仅费电，而且还会造成菜表面因过火而变色、生熟不匀。

微波炉

（5）微波炉加热的食物温度极高，容易蒸发水分，烹调时宜覆盖耐热保鲜膜或耐温玻璃盖来保持水分。鸡翅尖、鸡胸或鱼头、鱼尾部或蛋糕的角端等部位易于烹调过度，用铝箔纸遮裹可达到烹调均匀目的。

（6）在加热结束时，把食物搁置一段时间或对有些食品添配一些作料（如烹饪家禽肉类后，可浇上乳化的油或调味汁，再撒些辣椒粉、面包屑等），可达到加热不能做到的满意效果。

（7）食物应平均排列，勿堆成一堆，以便使食物能均匀生热。小块食物比大块食物熟得快，最好将食物切成 5 厘米以下的小块。食品形状越规则，微波加热越均匀，一般情况下，应将食物切成大小适宜、形状均匀的片或块。

（8）食物的本身温度越高，烹调时间就越短；夏天加热时间较冬天时短。烹饪浓稠致密的食物较多孔疏松的食物加热所需时间长。含水量高的食物，一般容易吸收较多的微波，烹饪时间较含水量低的要短。

电磁炉省电

（1）电磁炉最忌水汽和湿气，应远离热气和蒸汽，灶内有冷却风扇，故应放置在空气流通处使用，出风口要离墙和其他物品 10 厘米以上，它的使用湿度为 10 ~ 40 度。

（2）电磁炉不能使用诸如玻璃、铝、铜质的容器加热食品，这些非铁磁性物质是不会升温的。

（3）在使用时，灶面板上不要放置小刀、小叉、瓶盖之类的铁磁物件，也不要将手表、录音磁带等易受磁场影响的物品放在灶面上或带在身上进行电磁灶的操作。

（4）不要让铁锅或其他锅具空烧、干烧，以免电磁灶面板因受热量过高而裂开。

（5）在电磁灶 2 ~ 3 米的范围内，最好不要放置电视机、录音机、收音机等怕磁的家用电器，以免受到不良影响。

（6）电磁炉使用完毕，应把功率电位器调到最小位置，然后关闭电源，再取下铁锅，这时面板的加热范围圈内切忌用手直接触摸。

（7）要清洁电磁炉时，应待其完全冷却，可用少许中性清洗剂，切忌使用强洗剂，也不要用金属刷子刷面板，更不允许用水直接冲洗。

冰箱省电

（1）选购冰箱的规格大小应根据自己家的需要，不要买过大的冰箱。

（2）冰箱安放合理。冰箱安装空间应该通风好，环境干燥，避免阳光直晒，远离热源，冰箱背面两侧至少留 10 cm 空隙，顶部应有 10～30 cm 空间。

（3）温控器选择适当工作点。中挡位置较适宜。

冰　箱

（4）不要把热饭、热水直接放入，应先放凉一段时间后再放入电冰箱内。

（5）及时化霜。当霜层厚达 5 毫米时，应及时化霜。直冷式冰箱为半自动化霜，如霜层很厚，用半自动不理想，不如使用电吹风人工进行，既快又省电。另外，水分较多的食品要包装，以减少水分逸出加重结霜。

（6）使用得当。尽量减少开门次数和存取时间，当天需食用部分放在外挡，暂不食用的放在里挡。

（7）调节温控器是冰箱省电的关键。例如，在夏天时，对于某种冰箱，调温旋钮一般都调到"4"或者最高处。但在冬天，转到"1"也就可以了，这样可以减少冰箱压缩机的启动次数。

（8）食品存量适中。食品过少，热容量小，箱温波动大，开机时间和耗电会增加。通常箱内容积利用七成左右为适当。

（9）小包装食品贮存。小包装食品冷却快，冷得透，能缩短冰箱工作时间，且存取时间短。

（10）放在冰箱冷冻室内的食品，在食用前可先转移到冰箱冷藏室内逐渐融化，以便使冷量转移入冷藏室，可节省电能。

（11）重视门封条的完好和清洗。发现门封条有裂口、翘起或损坏，要设法更换。应及时清洗干净门封条。

（12）定期清洁冷凝器，每隔 3—6 个月清洁一次。完成冰箱清洁作业后，要先使其干燥，否则又会立即结霜，这样也要耗费电能。

燃气灶节气

使用燃气灶时一定要开窗通风，保持室内空气流通。

要定期清扫燃气灶，因为灶具使用一段时间后，其火头、火孔、火盖会因使用中产生的油污等杂质而堵塞，导致灶具不能正常使用。

燃气灶回火时很容易把灶烧坏，所以应特别注意。若打开时听到燃气响声很大，火焰燃烧像柴火一样参差不齐，这种现象就是回火，这时只要把开关关上，再重新打开即可。

连接灶具的胶管会自然老化，当发现胶管老化变硬、龟裂、破损或被烤焦时，应及时更换胶管。一般情况下，胶管使用两年左右就应更换新的，胶管使用时要保持平直，不可曲折或压扁而导致气小或供气中断，平时还应注意检查胶管，防止胶管因被老鼠、猫、狗咬坏而导致漏气。

燃气管上的灶前阀门应随用随开，用后即关。

按照说明适时调节位于产品底部的风门，以保证燃气充分燃烧，产生尽量少的一氧化碳，以保护使用者的身体健康。

做饭节能有妙招

做饭要统筹安排

我们做饭时，通常有以下步骤，淘米、煮饭、择菜、洗菜、切菜、炒菜等步骤。如果能比较统筹合理地安排前后顺序，就能在最短的时间内做好饭，同时也最大限度地节省了气、煤、电、油。

一般情况下，煮饭时间长些，可以先淘米煮粥，或者是焖米。然后，择菜、洗菜、切菜、配菜，并准备好一切调料。并根据食材和各道菜的特点安排出先后顺序。如果有凉菜，先做凉菜。炒菜要集中。炒得快的菜先炒。考虑到素菜放得时间长了影响口味儿，可以先炒荤菜，然后炒素菜。炒素菜也应分出先后次序，比如土豆瓜类菜可以先炒，然后炒青菜。

另外，放饭菜的餐具应提前洗净备好。

用火时，尽量减少炉具的开关次数，减少跑气，还可降低对空气的污染和对电子打火件、灶具开关的磨损。

做饭结束后，要关好煤气开关，在关火时，要先关闭液化气的总阀门，这样才不会让气体白白跑掉。最后要检查是否关闭水龙头，切断电源。

做好准备再开火

洗菜时，为了省水省时，也可以将菜安排出先后次序。洗菜安排得好，其实也是省气、煤、电。

切菜、配菜时，应考虑配菜的需要，决定先后顺序。并将切好的、配好的菜备放在餐具里，以便烹饪方便省时。

厨 房

炒鸡蛋应先将蛋打好。炒肉应先将肉洗净、切好、腌好、拌好。需要煮、焯、蒸的配菜，也应事先煮、焯、蒸好。

烹调前，还应把各种需要的主辅料和调料准备好后再点火，以方便煮烧时紧凑衔接，可避免煤气空燃。

炒菜顺序巧安排

如果需要焯多种菜，能用同一锅水焯的就用同一锅水。能放一起焯的就放一起焯，不能放一起焯的，应根据食材特点安排好顺序。另外要注意，焯菜不需要太多水，够用就行。既省时，又省水，省气、煤、电。

需要蒸多道菜的话，能放在一起蒸的就放在一起蒸。可以放在一个大笼屉里一起蒸。

如果既需要焯菜，又需要蒸菜，可以先焯菜，然后用焯菜的水来蒸，不够的话再加凉水，可省时省气、煤、电。

如果既需要焯菜，又需要蒸菜，又需要炒菜，可以先焯后蒸，然后再炒。

如果有需要油炸食品，先炸。然后用炸过的热油炒菜。

如果需要煮肉，可先煮肉，然后再炒菜。这样，可以用煮肉的高汤炒菜，做汤。

总之，只要用心，有经验的朋友一定能根据自己的需要想出更多的合理的安排顺序。

炒菜别忘盖锅盖

煮、蒸饭菜、炒菜时不要忘记在锅上加盖，锅盖可使热量保持在锅内，饭菜可以熟得更快，味道也更鲜美，如果锅盖盖不严实，就会跑味儿，影响菜肴的美味度，又怎能做出上等的佳肴？盖上锅盖还可减少水蒸气的散发，减少厨房和房间里结露的可能性。

例如：炒紫甘蓝最好盖锅盖，这样就能保持颜色。稍微加点醋，颜色会更红艳好看。用开水焯紫甘蓝时，会发现菜叶和水都会变成蓝色。因为紫甘蓝里天然的花青素在中性条件下是蓝紫色，而偏碱性时会变为蓝色。北方地区基本上都是碱性水，所以煮菜、焯菜之后，菜叶会从紫红色变成蓝紫色。如果盖着锅盖，就利于制造酸性条件，保持颜色。

不过，炒青菜时最好不要盖锅盖。盖上锅盖，菜熟得快，省时又省火。但火候不容易掌握，加热时间短则炒不熟，时间过长菜又太软烂，很难把握其脆嫩又断生的要求。另外，蔬菜中大多含有称为有机酸的物质，蔬菜的品种不同，含有机酸的种类也不一样，常见的有机酸种类有草酸、乙酸、氨基酸等。这些酸有些对人体有益，有些则对人体有害，烹调时必须将有害部分的有机酸去除。用什么方法呢？其中之一就是在烹制蔬菜的时候敞开锅盖，并适当进行翻炒，这样有机酸便会很容易挥发出去。

煮粥时，最好用电磁炉，调至最小挡，不会溢锅。如果用气，要调至小挡；如果担心溢锅，可将锅盖错开一点儿。

如果是煮饺子，应开大火，水开后下饺子，边下边溜边儿推水，使刚下锅的饺子不粘锅。等饺子漂起来后，再盖上锅盖。水开后，调中火，用凉水浇每一个饺子，然后翻推，再盖锅盖。素馅饺子不用凉水浇，开锅后稍煮即可捞起。荤馅饺子按以上方法煮三次即可。俗话说"煮饺先煮皮，后煮馅"，"盖锅煮馅，敞锅煮皮"，这是很有道理的。我们知道水的沸点是100℃，若盖上锅，蒸气排不出去，这样很容易把露出水面的饺子皮"蒸"破而馅还不熟，汤又不清。敞开锅煮，蒸气会很快散失，水温只能达到近100℃，饺子随着滚水不停地搅动，均匀地传递着热量，等皮熟了，再盖锅煮馅，蒸气和沸水很快将热量传递给馅。这样煮的饺子，皮不容易破，汤也清，饺子不黏，好吃。如煮的过程中怕饺子粘连，可在水中加点盐，或提前在面中加盐。翻推和用凉水浇皮可保证饺子皮不黏不破。

另外，煎中药时莫忘盖锅盖。经研究，绝大多数植物类中药，如木兰科、芸香科、菊科等植物都含挥发油。挥发油在医学上具有祛风、抗菌、消炎、镇痛等作用。但是，挥发油在水中的溶解度很小，绝大部分挥发油的比重都比水轻，所以很容易随水蒸气一起蒸发出来，如果煎中药不盖锅盖，中药内的有效成分便易随水蒸气"跑"出去，降低药物疗效。

总之，盖锅盖省时省气、煤、电，还能保留营养和有效成分，但也要根据烹饪的需要灵活应用。

电　磁

电磁，物理概念之一，是物质所表现的电性和磁性的统称，如电磁感应、电磁波等等。电磁是法拉第发现的。电磁现象产生的原因在于电荷运动产生波动。形成磁场，因此所有的电磁现象都离不开磁场。电磁学是研究电磁和电磁的相互作用现象，及其规律和应用的物理学分支学科。麦克斯韦关于变化电场产生磁场的假设，奠定了电磁学的整个理论体系，发展了对现代文明起重大影响的电工和电子技术，深刻地影响着人们认识物质世界的思想。

如何选购燃气灶

消费者在选购燃气灶时可以通过观察包装和外观来辨别产品质量。通常情况下优质燃气灶产品外包装材料结实，说明书与合格证等附件齐全，印刷内容清晰，产品整体结构稳固且分量较重、板材较厚、加工精良、边角处光滑无毛刺。

　　消费者还要根据自己的生活习惯选购不同热负荷值的家用燃气灶。根据实际使用效果来看，专家建议，消费者可以选择单个炉头设计热负荷在3500～4000瓦范围内的产品。另外，由于嵌入式燃气灶的特殊使用条件，在其使用过程中更容易发生意外熄火，根据现行国家标准的要求，嵌入式家用燃气灶必须有熄火保护装置。

■■■ 其他家用器具节能

饮水机省电

　　使用饮水机，必须先通水，待两个水龙头有水流出，方可通电，严禁饮水机无水接通电源使用。

　　饮水机应放在通风避光处，以免机壳褪色。

饮水机

　　不要把金属棒穿入背板通风窗中，以免损坏风机或造成触电；不要覆盖风机通风窗，以免因排风不畅、散热不良而损坏半导体制冷组件；长期停用，要关断饮水机电源，以免因干烧而损坏机件。

　　使用冰热式制冷的饮水机，当断开制冷电源后，需经过3—5秒才能再次启动。

　　搬动压缩机式制冷饮水机时，应保持直立移动，若要倾斜时，其倾角不得大于45°。

　　当环境温度（室温）低于10℃时，宜将制冷电源关断。

　　按水龙头接水时，勿用力过猛，以免按手转动部位脱出或损坏。

　　不管使用何种类型的饮水机，都应配置漏电保护开关，并且接上牢固可靠的地线，这样即使饮水机发生漏电，也可以保障人身安全。

小孩勿在饮水机旁边玩耍，有必要的可把热水水龙头换上安全型水龙头，防止烫伤小孩。

用户长时间外出前，必须随手切断饮水机电源。这样，既节约电能，又能防止电器事故的发生。

桶装水从满桶水被置换成满桶空气的饮用过程，也是一个污染、虫类、杂物倒吸的过程。因此，在使用饮水机时，缩短每桶水饮用周期对饮水健康也是有益处的，一般控制饮用周期为：纯水 15 日，矿泉水 7 日左右。还要定期清洗、消毒，一般用户以 3 个月 1 次为宜。

燃气热水器节气

近两年的电荒、煤荒、油荒使得消费者的节能意识逐步提高，节能热水器成销售热点，虽然节能热水器与普通热水器相比，在价格上普遍贵 10% 左右，但是仍然不能阻止消费者的热情。这说明前些年困扰热水器行业的"消费者节能意识的淡薄"问题已经发生根本性转变，节能环保热水器的市场正在逐步打开。

燃气热水器种类繁多，结构千差万别，但是从能量转换的角度来讲，各种燃气热水器均要实现燃烧放热、能量交换两个过程，直接决定了热水器的能源使用情况。首先，要想有较高的能量利用效率，必须有良好的燃烧效率；提高能源利用率的另外一个方式是热负荷调节，在国内使用最多的节能型负荷调节方式是冬、夏分段火力调节。该种热水器中电子元件可以精确地控制燃气—空气的比例调节、燃气混合气的供应量，这种采用燃气比例控制阀的方式在国内燃气热水器中得到了越来越多的使用。

在华东，林内 RUS—11/16FEA 系列燃气热水器采用燃气比例控制阀和水量自动伺服机构，具有温度显示功能，实现完全恒温控制，节能效果好。热水器使用过程中微电脑控制系统会根据供水压力和燃气压力的波动自动调节燃气流量和水流量，从而达到热水温度恒定不变，不但彻底解决了消费者洗浴过程中遇到的热水温度上下波动所带来的不便，而且大大节省了不必要的能源浪费，大幅度节约燃气。

我国燃气热水器行业必须调整观念，加大节能环保燃气热水器的开发力度。燃气热水器的节能措施很多，主要从三方面着手：燃烧稳定完全、换热充分、功率可大范围调节。基于这三点开发的节能式热水器包括：冷凝式燃气热水器、带大面积吸热导热管的燃气热水器、红外燃烧方式、密闭燃烧室、分段火力燃烧器等。

手机省电

就算是一般的手机，只要注意以下事项，也可以延长待机时间的。

不一定有实质操作才耗电，如果你不停地在选单里进行浏览，屏幕一直亮着就耗电，尤其是彩屏最耗电。

你整理手机里的文件，复制、移动、删除都会大量耗电，因为在读写内存。

不少手机有 MP3 或者收音机的功能，而如果采用了外放，将会特别耗电。

不少手机有摄像头和补光灯，而拍照如果开补光灯，那就不用说了，即使没开，你晃来晃去不拍照都在大量耗电。

如果你是身处一个信号相对来说比较差的位置，那手机更是会不停地搜索网络，也极为耗电。

你的屏幕亮度如果没有设置为最低，还用了动画墙纸和动画屏保，那耗电也不少。

你的键盘音没有关掉，这也是一种电被浪费掉的常见方式。

冷天带手机用振动功能。冬春气温低，人们着装厚实，如在户外活动佩带手机，来话铃声往往听不见，使振铃时间长和接通率低，造成手机电池白白消耗电量。所以应按手机说明书规定，向手机输入振动功能软件指令即可启用。

尽量关闭显示屏的照明。夜长昼短的季节，应尽量在明亮处使用手机，一般情况下可选择关闭显示屏或按键的照明，以便节省用电。

少在户外或寒冷处使用。手机电池适应温度为 10℃～40℃，如在 0℃ 以下环境中使用，自然放电和正常消耗都将加快，使电池使用时间缩短。

在覆盖边缘区关闭手机。在覆盖半径边缘区，移动电话网络信号往往比较弱，甚至收不到。所以，在此边缘区开机使用纯属浪费，如需使用可到信号强的区域再开机可做到省电。

省电器如何实现省电

鉴于节约电力的重要性和迫切性，目前市场上出现了各种各样的省电器，如系统省电器、电动机省电器、照明省电器、空调省电器、锅炉省电器、抽油烟机省电器等，种类繁多，使用范围也很广。目前的省电器一般分为照明灯具类省电器和动力类省电器。省电器的设计原理一般基于无功补偿、调压调力率、压平峰值电流、缓冲吸收等原理，根据不同的使用场合，设计生产出不同规格型号的省电产品。

下面分别介绍两种省电器的工作原理，从中我们就可以了解到省电器是如何实现省电的。

1. 电机省电器工作原理

电机省电器通过内置专用省电优化软件，动态调整电机运行过程中的电压和电流，在不改变电机转速的前提下，保证电机输出转矩与负荷需求的匹配，从而有效避免了电机所造成的电能浪费，杜绝了大马拉小车与低负荷运行的现象。

当电机长时间处于半负载状态时，它的铜线圈绕组产生过量磁通，导致电机效率下降，致使电机浪费了约 30% ~ 50% 的电能。

该产品设计原理是基于电力电子学，采用最新的集成芯片控制技术，通过监控交流电机运行的电流和电压的相位差，来动态地调整供给电机的能量，使电机始终在最佳效率状态下工作，为电机与电网之间实现"智能化"的能量管理功能。当检测到电机在轻载或负载不断变化时，通过可控硅能在 0.01 秒以内调整输入电机的电压和电流，使电机的输出功率与实时负载刚好匹配，从而减低铜损、铁损，改善电机启动、停机性能，达到省电效果。

电机省电器

省电器由微处理器芯片（CPU）、可控硅、集成式双置晶闸管等元件组成。其核心技术是动态跟踪电机负载量的变化。调整电机运行过程中的电压与电流（1‰秒内完成动作），保证电机的输出转矩与实际负荷需求精确匹配，不改变电机的转速，不影响电机的正常运行，并且能有效避免电机因出力过度造成的电能浪费，具有很好的动态省电控制功能，能有效地降低电机的功率损耗，改善电机的启动、停机性能，延长电机的使用寿命。

2. 照明省电器工作原理

目前，照明系统一般都采用日光灯、钠灯、水银灯、金属卤化物灯等灯具，这类灯具有发光效率高，光色较好，安装简便等优点，被广泛使用，但也存在着一定缺点，如功率因数低、对电压要求严格、耗电量大等，实践证明灯具电压为额定值90％时为最优照明电压。

另一方面，在电力供应部门的电能输送过程中，为避免电压损耗和用电高峰时造成电压过低，一般都采用提高电压输送，因此用户实际上承受的电压往往会高于设备的额定电压，这些超额的电压不仅不能让负载更有效运作，反而导致电能过度浪费，增加设备损坏率，增大成本费用等负面影响。

智能灯光省电器应用其独特的控制方式，采用最先进微处理器，对照明系统电压、电流进行优化处理，使照明系统始终工作在最优状态，滤除以发热形式浪费的无用功，延长灯具寿命，从而节约电能。

智能灯光省电器采用了国外最新节能技术，由微处理器进行实时动态精密检测和监控，将供电系统的输入电压予以优化，采用适当技术调整电压，输给灯光负载的电压为最适宜值，而且实现大功率稳压，不间断小电流切换技术，并根据实际需要可选配分时段控制方式、照度控制方式、远程计算机集中控制等方式，真正实现灯光智能化。控制程序一经设定，设备将自动根据设定程序调节照明负载的电压和电流，平衡控制输出功率，改善功率因数，达到节约用电的目的。

应该说明的是：是不是要用省电器要根据自己的实际情况和使用目的确定，厂商所说的省电率一般是在理想情况下得到的，不一定是欺骗，但实际使用环境是不是达到这个理想条件，是判断使用这个产品是否划算的基本依据。

目前省电器种类繁多，良莠不齐，鱼龙混杂，厂家的宣传有的是夸大的，购买省电器要谨防其徒有虚名。建议在选用时保持清醒头脑，以免上当受骗。

 知识点

压缩机

压缩机，将低压气体提升为高压的一种从动的流体机械，是制冷系统的心脏。它从吸气管吸入低温低压的制冷剂气体，通过电机运转带动活塞对其进行压缩后，向排气管排出高温高压的制冷剂液体，为制冷循环提供动力，从而实现压缩→冷凝→膨胀→蒸发（吸热）的制冷循环。压缩机分活塞压缩机与螺旋压缩机两类。

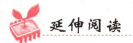 延伸阅读

"零排放"四合院

"零排放"四合院在许多方面以古人为师，但在照明和用电上只能另辟蹊径。四合院中的照明、电视、投影仪、笔记本电脑都靠太阳能发电，其用电系统被连接在了两块面积为 8 平方米的太阳能光伏发电设备上。

在多功能厅有块蓄能电池，它除供电外，还能将用不完的电储存起来，而小院只有连续 10 天阴雨无法发电时才使用交流电。另外，为省电同时达到好的效果，整个小院照明使用的全是 LED 节能灯，其 1000 小时仅耗几度电，同时，其使用寿命可达 5 万小时，是普通白炽灯的 50 倍，普通节能灯的 8 ~ 10 倍。所以，四合院照明几乎不用外来的交流电。

"零排放"四合院的浇灌植物和院落洒水降尘用水同样能实现自给自足。

虽然采取了各种节能降耗措施，但为保证"零排放"，四合院中还种了各种植物在美化院落的同时再实现减排。另外，"零排放"四合院中还实现了全面的垃圾分类并回收利用。

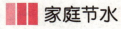 家庭节水

家庭节水小窍门

（1）马桶。应安装可随手控制出水量的马桶配件，大便、小便可冲洗不同的水量，可节水50%以上；未采用节水配件的普通马桶，可在水箱中放入两块砖或将浮球杆向下弯15°，可减少水箱的贮水量，进而减少每次冲水量；不要把烟灰、剩饭、废纸等倒入马桶，因为用水冲掉它们可能要冲几次。

（2）水龙头。采用快开式陶瓷阀芯水嘴，并经常检查水管，看是否漏水。水龙头漏水，应及时更换龙头内的橡皮垫圈。

（3）淋浴。淋浴器可安装节水龙头或使用小流。擦肥皂时，关掉水龙头，洗一次澡可节水60升以上。淋浴水还可用于拖地、冲洗厕所等。

（4）刷牙。用口杯接水漱口，并勤开勤关（用则开，不用则关）龙头，每人每次可节约18升水。

（5）洗菜。一盆一盆地洗，不要开着龙头冲，一顿饭可节省100升水。

（6）淘米水用途大。淘米水可以用来洗碗、洗菜和浇花，且能去污、解毒，如将蔬菜、瓜果放在淘米水中浸泡几分钟，可去除大部分或全部毒性，有益健康。

（7）拖地板。用拖把擦洗可比水龙头冲洗每次节水200升。

（8）洗衣服。若用手洗，请用盆接水洗衣服；若用洗衣机，请达到额定负荷量再洗，这样每次可节水130升。洗衣服的水也可重复利用。

节水水龙头类型

水龙头是遍及住宅、公共建筑、工厂车间、大型交通工具（列车、轮船、民航飞机）应用范围最广、数量最多的一种盥洗、洗涤用水器具，同人们的关系最为密切。其性能对节约用水效果影响极大，因而是节水器中开发研究最多的。近些年来，仅国内出现的各类水龙头形式已不下数十种。但是在各地推广应用情况并不理想，其原因归根到底仍是不能完满地体现对节水

器具的各项基本要求。

常见的节水龙头有四种类型：延时自动关闭（延时自闭）水龙头；手压、脚踏、肘动式水龙头；停水自动关闭（停水自闭）水龙头；节水冲洗水枪。

水龙头

淋浴节水器类型

在生活用水中沐浴用水约占生活总用水量的 20% ~ 35%，其中淋浴用水量占相当大的比例。淋浴时因调节水温和不需擦拭身体的时间较长，若不及时调节水量会浪费很多水。这种情况在公共浴室尤甚，不关闭阀门或因设备损坏造成"长流水"现象也屡见不鲜。节约淋浴用水的途径除加强管理外，就是推广应用淋浴节水器具。

（1）冷、热水混合器具（水温调节器）。无论是单体或公用淋浴设施，目前尚缺乏性能优良的冷热水混合器具。在公共浴室通常以（冷热水）混合水箱集中供水，冷、热水由混合器混合。如事先调好水温，只要冷、热水管路水压稳定可随时启闭，不必再调水温，因而有一定节水效果。上述冷热混合器均不便随时调节水温，因此，研制开发灵敏度高、水温可随意调节的冷热水混合器甚为必要。

（2）淋浴用脚踏开关。淋浴用脚踏开关是各地公共浴室多年沿用的节水设施，其节水效果显著，但是使用不甚方便、卫生条件差、易损坏，此外由于阀件整体性差，亦存在水的内漏和外漏问题。近年已逐渐被新的淋浴节水器具所取代。

（3）电磁式淋浴节水装置。这种淋浴节水器具简称"一点通"。整个装置由设于莲蓬头下方墙上（或墙体内）的控制器、电磁阀等组成。使用时只需轻按控制器开关，电磁阀即开启通水（"一点通"以此得名），延续一段时间后电磁阀自动关闭停水，如仍需用水，可再按控制器开关。这种淋浴节水装置克服了沿袭多年的脚踏开关的缺点，其节水效果益加显著。据已经使用的浴池统计，其节水效率在48%左右。

（4）节水喷头。改变传统淋浴喷头形式是改革淋浴用水器具的努力目标之一。一种节水喷头由节流阀、球形接头、喷孔、裙嘴等组成。节流阀用以减小和切断水流，球形接头可改变喷头方向，喷孔可减小水流量并形成小股射流。当小股射流由周边带小孔的圆盘流出时撞到裙嘴侧缘被破碎成小水滴并吸入空气，于是充气水"水花"从裙嘴内壁以11°斜角喷出，供淋浴用。因充气水流的表面张力较小，故可更有效地湿润皮肤。

卫生间节水器具类型

卫生间中水主要用于冲洗便器。除利用中水外，采用节水器具仍是当前节水的主要努力方向。近些年来，由于提倡节约用水，各类用于冲洗便器的低位冲洗水箱、高位冲洗水箱、延时自闭冲洗阀、定时冲洗装置的形式层出不穷。前三者形式的数量不亚于盥洗、冲洗节水器具中延时自闭水龙头的类型数。目前各类卫生间节水器具的名目繁多，尚无统一分类命名，比较混乱。

常见的卫生间节水器具有四种类型：低位冲洗水箱、高位冲洗水箱、延时自闭冲洗阀、自动冲洗装置。其中低位冲洗水箱比较传统。常见到的低位冲洗水箱多采用直落上导向球型排水阀。这种排水阀仍有封闭不严漏水、易损坏和开启不便等缺点，导致水的浪费。近些年来逐渐改用翻板式排水阀。这种翻板阀开启方便，复位准确、斜面密封性好。此外以水压杠杆原理自动进水装置代替普通浮球阀，克服了浮球阀关闭不严导致长期溢水之弊。

自动冲洗装置如何节水

自动冲洗装置多用于公共卫生间，以克服手拉冲洗阀、冲洗水箱、延时自闭冲洗水箱等只能依靠人工操作而引起的弊端。例如，频繁使用或乱加操作造成装置损坏与水的大量浪费，或者是疏于操作而造成的卫生问题，医院的交叉感染等。

自动冲洗装置可分为水力自动冲洗装置和电气自控冲洗装置两类。

水力自动冲洗装置由来已久，其最大的缺点是只能单纯实现定时定量冲洗，这样在卫生器具使用的低峰期（如午休、夜间、节假日等）不免造成水的大量浪费。

电气自控冲洗装置即是针对这种情况而产生的。光电计数自动冲洗装置依靠光电效应按（人员）计数情况实现自动冲洗。这类装置的缺点是其工作环境不利、完全依赖外电源，一旦损坏或停电则不能工作；时间自控冲洗装置特点是正常情况下可按卫生器具高、低峰时间进行定时冲洗，冲洗周期在10—90分钟内可调，必要时夜间自动停止工作，断电时自动转入虹吸式水力自动冲洗。安装这种控制装置同普通虹吸式水箱相比，可节水80%以上，使用情况表明，这是一种较理想的冲洗控制装置。

 知识点

虹 吸

虹吸是一种流体力学现象，可以不借助泵而抽吸液体。处于较高位置的液体充满一根倒U形的管状结构（称为虹吸管）之后，开口于更低的位置。这种结构下，管子两端的液体压强差能够推动液体越过最高点，向另一端排放。主要是由万有引力让虹吸管作用，是由重力让虹吸管内的液体由上端往下端流动，藉较长且朝下的那一端，将较短上端那一边的水往上引出再流到下端。许多水利建设者运用虹吸原理将河、湖等内的水排出，节约了机械设备的使用量与电能的消耗，十分有效地解决了很多问题。许多企业运用虹吸原理，制造出大量的实用新型产品，比如楼顶、屋面排水系统，大型体育、场馆设施的排水系统，基本上均是按照虹吸原理设计施工。

 延伸阅读

古人对虹吸原理的利用

中国人很早就懂得应用虹吸原理。应用虹吸原理制造的虹吸管，在中国

古代称"注子"、"偏提"、"渴乌"或"过山龙"。东汉末年出现了灌溉用的渴乌。西南地区的少数民族用一根去节弯曲的长竹管饮酒，也是应用了虹吸的物理现象。宋朝曾公亮《武经总要》中，有用竹筒制作虹吸管把峻岭阻隔的泉水引下山的记载。中国古代还应用虹吸原理制作了唧筒。唧筒是战争中一种守城必备的灭火器。宋代苏轼《东坡志林》卷四中，有四川盐工用唧筒把盐井中的盐水吸到地面的记载。

对于虹吸原理，中国古代也有论述。南北朝时期的《关尹子·九药篇》说："瓶存二窍，以水实之，倒泻；闭一则水不下，盖（气）不升则（水）不降。井虽千仞，汲之水上；盖（气）不降则（水）不升。"有两个小孔的瓶子能倒出水，如果闭住一个小孔，另一个小孔外面的空气压力会比瓶里水的压力大，水就流不出来。

城市雨水利用

美国利用城市雨水

美国利用城市雨水最大的特色是强制"就地滞洪蓄水"。美国的雨水利用常以提高天然入渗能力为目的。在芝加哥市兴建了地下隧道蓄水系统，以解决城市防洪和雨水利用问题。其他很多城市还建立了屋顶蓄水和由入渗池、井、草地、透水地面组成的地表回灌系统。美国不但重视工程措施，而且还制定了相应的法律法规对雨水利用给予支持。如科罗拉多州、佛罗里达州和宾夕法尼亚州分别制定了《雨水利用条例》。这些条例规定新开发区的暴雨洪水洪峰流量不能超过开发前的水平。所有新开发区必须实行强制的"就地滞洪蓄水"。

英国利用城市雨水

英国利用城市雨水的代表是世纪圆顶用雨水冲厕所。以伦敦世纪圆顶的雨水收集利用系统为例，泰晤士河水公司为了研究不同规模的水循环方案，设计了英国2000年的展示建筑——世纪圆顶示范工程。在该建筑物内每天回收 500 立方米水用以冲洗该建筑物内的厕所，其中 100 立方米为从屋顶收集的雨水。这使其成为欧洲最大的建筑物内的水循环设施。从面积相当于 12 个足球场大小的 10 万平方米的圆顶盖上收集来的雨水，经过 24 个专门设置的汇水斗进入地表水排放管中。

德国利用城市雨水

在德国放跑雨水要收费。利用公共雨水管收集雨水，采用简单的处理后，达到杂用水水质标准，便可用于街区公寓的厕所冲洗和庭院浇洒。如位于柏林的一家公寓始建于 20 世纪 50 年代，经过改建扩建，居民人数迅速增加，屋顶面积仅有少量增加。通过采用新的卫生原则，并有效地同雨水收集相结合，实现了雨水的最大收集。从

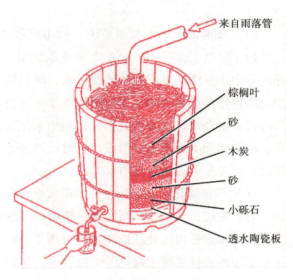

来自雨落管
棕榈叶
砂
木炭
砂
小砾石
透水陶瓷板

雨水的收集与净化

屋顶、周围街道、停车场和通道收集的雨水通过独立的雨水管道进入地下贮水池。经简单的处理后，用于冲洗厕所和浇洒庭院。德国还制定了一系列有关雨水利用的法律法规。如目前德国在新建小区之前，无论是工业、商业还是居民小区，均要设计雨水利用设施，若无雨水利用措施，政府将征收雨水排放设施费和雨水排放费。

丹麦利用城市雨水

丹麦居民用水 22% 靠天降。丹麦过去供水主要靠地下水，一些地区的含水层已被过度开采。为此，丹麦开始寻找可替代水源。在城市地区从屋顶收集雨水，收集后的雨水经过收集管底部的预过滤设备，进入贮水池进行贮存。使用时利用泵经进水口的浮筒式过滤器过滤后，用于冲洗厕所和洗衣服。在7 个月的降雨期，从屋顶收集的雨水量，就足以满足冲洗厕所的用水。而洗

衣服的需水量仅 4 个月就可以满足。每年能从居民屋顶收集 645 万立方米的雨水，占居民冲洗厕所和洗衣服实际用水量的 68%，占居民用水总量的 22%。

我们如何收集利用雨水

（1）屋面雨水集蓄利用系统　利用屋顶做集雨面的雨水集蓄利用系统，主要用于家庭、公共和工业等方面的非饮用水，如浇灌、冲厕、洗衣、冷却循环等中水系统。可产生节约饮用水，减轻城市排水和处理系统的负荷，减少污染物排放量和改善生态与环境等多种效益。该系统又可分为单体建筑物分散式系统和建筑群集中式系统。由雨水汇集区、输水管系、截污装置、贮存、净化和配水等几部分组成。有时还设渗透设施与贮水池溢流管相连，使超过贮存容量的部分溢流雨水渗透。

（2）屋顶绿化雨水利用系统　屋顶绿化是一种削减径流量、减轻污染和城市热岛效应、调节建筑温度和美化城市环境新的生态技术，也可作为雨水集蓄利用和渗透的预处理措施。既可用于平屋顶，也可用于坡屋顶。植物和种植土壤的选择是屋顶绿化的关键技术，防渗漏则是安全保障。植物应根据当地气候和自然条件，筛选本地生的耐旱植物，还应与土壤类型、厚度相适应。上层土壤应选择孔隙率高、密度小、耐冲刷、且适宜植物生长的天然或人工材料。在德国常用的有火山石、沸石、浮石等，选种的植物多为色彩斑斓的各种矮小草本植物，十分宜人。屋顶绿化系统可提高雨水水质并使屋面径流系数减小到 0.3，有效地削减雨水径流量。该技术在德国和欧洲城市已广泛应用。

（3）园区雨水集蓄利用系统　在新建生活小区、公园或类似的环境条件较好的城市园区，可将区内屋面、绿地和路面的雨水径流收集利用，达到更显著削减城市暴雨径流量和非点源污染物排放量、优化小区水系统、减少水涝和改善环境等效果。因这种系统较大，涉及面更宽，需要处理好初期雨水截污、净化、绿地与道路高程、室内外雨水收集排放系统等环节和各种关系。

沸 石

沸石是一种矿石，1756 年，瑞典的矿物学家克朗斯提发现有一类天然硅铝酸盐矿石在灼烧时会产生沸腾现象，因此命名为"沸石"。自然界已发现的沸石有 30 多种，较常见的有方沸石、菱沸石、钙沸石、片沸石、钠沸石、丝光沸石、辉沸石等，都以含钙、钠为主。它们含水量的多少随外界温度和湿度的变化而变化。

1932 年，麦克贝恩提出了"分子筛"的概念。表示可以在分子水平上筛分物质的多孔材料。虽然沸石只是分子筛的一种，但是沸石在其中最具代表性，因此"沸石"和"分子筛"这两个词经常被混用。

延伸阅读

节气——雨水

雨水节气一般从 2 月 18 日或 19 日开始，到 3 月 4 日或 5 日结束。太阳的直射点也由南半球逐渐向赤道靠近了，这时的北半球，日照时数和强度都在增加，气温回升较快，来自海洋的暖湿空气开始活跃，并渐渐向北挺进。

雨水节气的涵义是降雨开始，雨量渐增，在二十四节气的起源地黄河流域，雨水之前天气寒冷，但见雪花纷飞，难闻雨声渐沥。雨水之后气温一般可升至 0℃ 以上，雪渐少而雨渐多。可是在气候温暖的南方地区，即使隆冬时节，降雨也不罕见。我国南方大部分地区这段时间候平均气温多在 10℃ 以上，桃李含苞，樱桃花开，确已进入气候上的春天。

雨水不仅表明降雨的开始及雨量增多，而且表示气温的升高。雨水前，气候相对来说比较寒冷。雨水后，人们则明显感到春回大地，春暖花开，春天的气息沁人心脾。

低碳生活之新能源篇
DITAN SHENGHUO ZHI XINNENGYUAN PIAN

　　低碳生活要求节能减排，然而现实的情况是人们对能源的需求日益增加，在不降反而要提高人们生活水平的前提下，这就需要尽可能多地用洁净的新能源代替高含碳量的矿物能源，这是能源建设应该遵循的原则。

　　随着人类的不断开采，常规能源煤、石油、天然气等的贮量也在日益下降，终有枯竭的那一天，同时利用它造成的环境污染问题也日益严重，已经引起世界各国的重视。当前人类对新能源的呼声越来越高。

　　大力开发新能源和可再生能源如太阳能、风能、地热能、氢能、潮汐能、生物质能和可燃冰等的利用技术，将成为减少环境污染的重要措施，成为解决能源危机的希望所在，也是实现低碳生活的基本保证。能源问题是世界性的，向新能源过渡的时期离我们越来越近了。

太阳能

　　太阳是一个巨大的火球，每时每刻都在进行核聚变向外释放着能量，这些能量以光辐射的方式传送到我们居住的地球，太阳每秒钟释放出的能量，相当于燃烧 1.28 亿吨标准煤所放出的能量，每秒钟辐射到地球表面的能量约为 17 万亿千瓦，也就是说太阳每秒钟照射到地球上的能量就相当于 500 万吨标准煤。可见太阳是一个巨大、久远、无尽的能源体，对我们人类来说，可以无限制地使用下去。

广而言之，地球上的各种能量，如风能、水能、潮汐能，生物质能、煤炭、石油、天燃气等等，都是来自太阳能，是太阳能作用后通过各种形式的演变而成，或从远古时期经过太阳能作用后通过一系列的变化而储存下来的，都是太阳能能量转化的产物。

利用太阳能的途径

利用太阳能有两种途径：光利用和热利用。

太阳辐射的光子能引起物质的物理和化学变化，光利用有三种主要形式：

（1）光合技术。即生物转换，植物通过光合作用产生出有机物质，这些有机质作为燃料时，可以直接燃烧，也可以加工成沼气或乙醇等。

（2）光化学技术。即把化合物分解，如把水分解成氢和氧，然后把氢作为燃料，这种方法目前的效率还很低。

（3）光电技术。即用太阳能电池直接把太阳能转换成直流电能。光电技术为没有电网的边远地区提供电力开辟了道路。光电技术发展很快，硅太阳电池板的转换效率从 5% 提高到将近 20%，太阳能电池从单晶硅发展到多晶硅和非晶硅，后两种虽然转换效率稍低，但成本大大下降，每峰瓦（在太阳能密度 1000W／平方米的情况下）的成本从 50 美元降到 5 美元以下。

太阳能的热利用也可以分为三种：

（1）高温系统。用旋转抛物面反射镜组成盘状集热器，持续追踪太阳光，将热量集中起来，驱动热机发电。单机发电功率可达 25 千瓦。现已制成 3 万 ~ 5 万千瓦的太阳能汽轮发电机系统。

太阳能光伏发电

（2）中温系统。用柱状抛物面反射镜把阳光集中在管状吸收器上，用来

生产工业用蒸汽。

（3）低温系统。在100℃以下温度运行，主要用于建筑物采暖和制冷以及供应热水。

太阳能的具体应用

太阳能集热器

太阳能热水器装置通常包括太阳能集热器、储水箱、管道及抽水泵其他部件。另外在冬天需要热交换器和膨胀槽以及发电装置以备电厂不能供电之需。

太阳能集热器是在太阳能集热系统中，接受太阳辐射并向传热工质传递热量的装置。按传热工质可分为液体集热器和空气集热器。按采光方式可分为聚光型集热器和吸热型集热器两种。另外还有一种真空集热器：一个好的太阳能集热器应该能用20—30年。

太阳能热水系统

早期最广泛的太阳能应用即用于将水加热，现今全世界已有数百万太阳能热水装置。太阳能热水系统主要元件包括收集器、储存装置及循环管路三部分。此外，可能还有辅助的能源装置（如电热器等）以供应无日照时使用，另外尚可能有强制循环用的水，以控制水位或控制电动部分或温度的装置以及接到负载的管路等。依循环方式太阳能热水系统可分两种：

（1）自然循环式：此种型式的储存箱置于收集器上方。水在收集器中接受太阳辐射的加热，温度上升，造成收集器及储水箱中水温不同而产生密度差，因此引起浮力，此一热虹吸现象，促使水在储水箱及收集器中自然流动。由于密度差的关系，水流量与收集器的太阳能吸收量成正比。此种型式因不需循环水，维护甚为简单，故已被广泛采用。

（2）强制循环式：热水系统用水使水在收集器与储水箱之间循环。当收集器顶端水温高于储水箱底部水温若干度时，控制装置将启动水使水流动。水入口处设有止回阀以防止夜间水由收集器逆流，引起热损失。由此种型式的热水系统的流量可得知（因来自水的流量可知），容易预测性能，亦可推算于若干时间内的加热水量。如在同样设计条件下，其较自然循环方式具有可以获得较高水温的长处，但因其必须利用水，故有水电力、维护（如漏水等）以及控制装置时动时停，容易损坏水等问题存在。因此，除大型热水系统或需要较高水温的情形，才选择强制循环式，一般大多用自然循环式热水器。

太阳能路灯

太阳能路灯是一种利用太阳能作为能源的路灯，因其具有不受供电影响，不用开沟埋线，不消耗常规电能，只要阳光充足就可以就地安装等特点，因此受到人们的广泛关注，又因其不污染环境，而被称为绿色环保产品。太阳能路灯即可用于城镇公园、道路、草坪的照明，又可用于人口分布密度较小，交通不便经济不发达、缺乏常规燃料，难以用常规能源发电，但太阳能资源丰富的地区，以解决这些地区人们的家用照明问题。

太阳能电池

太阳能电池是一对光有响应并能将光能转换成电力的器件。能产生光伏效应的材料有许多种，如单晶硅、多晶硅、非晶硅、砷化镓、硒铟铜等。它们的发电原理基本相同，现以晶体为例描述光发电过程。P型晶体硅经过掺杂磷可得N型硅，形成P－N结。

当光线照射太阳能电池表面时，一部分光子被硅材料吸收；光子的能量传递给了硅原子，使电子发生了越迁，成为自由电子在P－N结两侧集聚形成了电位差，当外部接通电路时，在该电压的作用下，将会有电流流过外部电路产生一定的输出功率。这个过程的实质是：光子能量转换成电能的过程。

目前国际上已经从晶体硅、薄膜太阳能电池开发进入了有机分子电池、生物分子筛选乃至于合成生物学与光合作用生物技术开发的生物能源的太阳能技术新领域。

现在科研人员已利用纳米材料在实验室中成功"再造"叶绿体，以极其低廉的成本实现光能发电。叶绿体是植物进行光合作用的场所，能有效将太阳的光能量转化成化学能。此次课题组并非在植物体外"拷贝"了一个叶绿体，而是研制出一种与叶绿体结构相似的新型电池——染料敏化太阳能电池，尝试将光能转化成电能。作为第三代太阳能电池，染料敏化电池的最大吸引力在于廉价的原材料和简单的制作工艺。据估算，染料敏化电池的成本仅相当于硅电池板的十分之一。同时，它对光照条件要求不高，即便在阳光不太充足的室内，其光电转化率也不会受到太大影响。另外，它还有许多有趣用途。比如，用塑料替代玻璃"夹板"，就能制成可弯曲的柔性电池；将它做成显示器，就可一边发电，一边发光，实现能源自给自足。

空间太阳电池

硅太阳电池是最常用的卫星电源，从 20 世纪 70 年代起，由于空间技术的发展，各种飞行器对功率的需求越来越大，在加速发展其他类型电池的同时，世界上空间技术比较发达的美、日和欧空局都相继开展了高效硅太阳电池的研究。以日本 SHARP 公司、美国的 SUNPOWER 公司以及欧空局为代表，在空间太阳电池的研究发展方面领先。其中，以发展背表面场、背表面反射器、双层减反射膜技术为第一代高效硅太阳电池，这种类型的电池典型效率最高可以做到 15% 左右，目前在轨的许多卫星应用的是这种类型的电池。

到了 70 年代中期，COMSAT 研究所提出了无反射绒面电池，使电池效率进一步提高。但这种电池的应用受到限制：一是制备过程复杂，避免损坏 PN 结；二是这样的表面会吸收所有波长的光，包括那些光子能量不足以产生电子 - 空穴对的红外辐射，使太阳电池的温度升高，从而抵消了采用绒面而提高的效率效应；三是电极的制作必须沿着绒面延伸，增加了接触的难度，使成本升高。

80 年代中期，为解决这些问题，高效电池的制作引入了电子器件制作的一些工艺手段，采用了倒金字塔绒面、激光刻槽埋栅、选择性发射结等制作工艺，这些工艺的采用不但使电池的效率进一步提高，而且还使得电池的应用成为可能。特别在解决了诸如采用带通滤波器消除温升效应以后，这类电池的应用成了空间电源的主角。

到了 90 年代中期，空间电源工程人员发现，虽然这种类型电池的初期效率比较高，但电池的末期效率比初期效率下降 25% 左右，限制了电池的进一步应用，空间电源的成本仍然不能很好地降低。为了改变这种情况，以

SHARP 为首的研究机构提出了双边结电池结构，这种电池的出现有效地提高了电池的末期效率，并在 HES、HES－1 卫星上获得了实际应用。

太阳能的昨天·今天·明天

据记载，人类利用太阳能已有 3000 多年的历史。将太阳能作为一种能源和动力加以利用，只有近 400 年的历史。近代太阳能利用历史可以从 1615 年法国工程师所罗门·德·考克斯在世界上发明第一台太阳能驱动的发动机算起。该发明是一台利用太阳能加热空气使其膨胀做功而抽水的机器。在 1615—1900 年之间，世界上又研制成多台太阳能动力装置和一些其他太阳能装置。这些动力装置几乎全部采用聚光方式采集阳光，发动机功率不大，工质主要是水蒸气，价格昂贵，实用价值不大，大部分为太阳能爱好者个人研究制造。从 20 世纪开始，太阳能科技不断发展。

自从石油在世界能源结构中担当主角之后，石油就成了左右经济和决定一个国家生死存亡、发展和衰退的关键因素，1973 年 10 月爆发中东战争，石油输出国组织采取石油减产、提价等办法，支持中东人民的斗争，维护该国的利益。其结果是使那些依靠从中东地区大量进口廉价石油的国家，在经济上遭到沉重打击。于是，西方一些人惊呼：世界发生了"能源危机"（有的称"石油危机"）。这次"危机"在客观上使人们认识到：现有的能源结构必须彻底改变，应加速向未来能源结构过渡。从而使许多国家，尤其是工业发达国家，重新加强了对太阳能及其他可再生能源技术发展的支持，在世界上兴起了开发利用太阳能热潮。1973 年，美国制订了政府级阳光发电计划，太阳能研究经费大幅度增长，并且成立太阳能开发银行，促进太阳能产品的商业化。

发展到 1992 年以后，世界太阳能利用又进入一个发展期，其特点是：太阳能利用与世界可持续发展和环境保护紧密结合，全球共同行动，为实现世界太阳能发展战略而努力；太阳能发展目标明确，重点突出，措施得力，有利于克服以往忽冷忽热、过热过急的弊端，保证太阳能事业的长期发展；在加大太阳能研究开发力度的同时，注意科技成果转化为生产力，发展太阳能产业，加速商业化进程，扩大太阳能利用领域和规模，经济效益逐渐提高；国际太阳能领域的合作空前活跃，规模扩大，效果明显。

家电太阳能发电系统

太阳能是取之不尽、用之不竭的清洁能源，即可免费使用也无须运输、无须包装，没有安全隐患，更无毒副作用，对环境没有任何污染，所以利用好太阳能是一个非常重要的战略措施。光热、光电、光化学是最直接利用太阳能的有效途径。怎样最大限度地利用好太阳能是摆在科学界最有价值的课题。

　　如今，世人皆知太阳能利用的好处和社会意义。庞大的太阳能市场催生了巨大的太阳能产业。据中国太阳能产业协会最新统计显示，中国目前已成为全球最大的太阳能热水器生产和使用国，占全世界推广量的60%左右，并且每年以25%以上的速度递增。随着全世界对能源及环境的关注，随着国家政策的倾斜和扶持，我们深深感觉到太阳能利用产业发展的潜力，相信太阳能利用产业会受到更多有志之士的追捧。

 知识点

晶　硅

　　硅以大量的硅酸盐矿和石英矿存在于自然界中。是构成地球上矿物界的主要元素，在地壳中的丰度为27.7%，在所有的元素中居第二位，地壳中含量最多的元素氧和硅结合形成的二氧化硅，占地壳总质量的87%。硅有晶态和无定形两种同素异形体。晶态硅又分为单晶硅和多晶硅，它们均具有金刚石晶格，晶体硬而脆，具有金属光泽，能导电，但导电率不及金属，且随温度升高而增加，具有半导体性质。广泛用于半导体、太阳能光伏发电电池等方面。

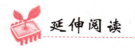

延伸阅读

"太阳城" 马斯达尔城

马斯达尔城，是阿联酋拟在首都阿布扎比郊区兴建的一座环保城市，"马斯达尔"在阿拉伯语中意为"来源"。马斯达尔将建在沙漠中，将成为世界上首个达到零碳、零废物标准的城市，可谓"沙漠中的绿色乌托邦"。这一计划已酝酿多年，于2008年1月21日，在阿布扎比举行的"世界未来能源峰会"上，东道主首次向世人展示了即将兴建的全球最环保城市、有着"太阳城"之称的马斯达尔城的模型。根据计划，这将是全世界第一座完全依靠太阳能风能实现能源自给自足，污水、汽车尾气和二氧化碳零排放的"环保城"。城市总体设计工作由英国著名建筑师诺曼·福斯特勋爵承担。福斯特说："马斯达尔城零碳、零废物的环保目标当属世界首例。赞助者为我们提供了富有挑战性的设计构想，要求我们从根本上质疑传统城市建设理念。马斯达尔城一定会成为未来可持续发展城市的标尺。"

风　能

人类利用风能有着悠久的历史。中国、埃及、荷兰、西班牙等国都在很早就有了风车、风磨等利用风能的设备。过去利用风力只在提水、磨面以及风帆助航等方面。到了20世纪，特别是70年代石油危机之后，人们才把风力用来发电。到90年代初期，世界共有风力发电装置10万个以上，总发电能力超过了250万千瓦，目前正以每年20万千瓦的速度递增。

风能是太阳能的一种转换形式，地球接受的太阳辐射能大约有20%转化成风能。全球的风能总量如果有1%用来发电，就能满足全部能源消耗。

风力发电的优势

风力发电是世界上应用风能最广泛最重要的领域。风力发电的优越性主要有如下几个方面。

（1）建造风力发电场费用比水力发电厂、火力发电厂、核电站低廉，只要风力不减弱，大型风力发电成本会低于火力发电。

（2）不需要燃料，除正常维护外，没有其他消耗。

（3）风能是可再生的洁净能源，没有煤、油等燃烧所产生的环境污染问题。但是，由于地形等原因，风能变化很大，分布很不均匀，例如我国风能区就主要集中在沿海和三北两大地带，在相同风速下，沿海风能功率密度较三北地区的要大。一般来说，风力发电场都是设置在风能资源丰富的草原、山谷口、海岸边等场地，并由多台大型并网式风力发电机按照地形和主风向排成阵列，组成机群向电网供电，就像排在田地里的庄稼一样，故形象地称之为"风力田"。

（3）为了使用户获得稳定而充足的电力供应，风力发电机可以和光电池实行互补发电。当风力很大而阳光较弱时，以风力发电为主，光电为辅；当天气晴朗，风力较小时，则以光电为主，风力发电为辅；若将风力发电、光电池、汽油/柴油机发电三者组成混合互补系统，其效果更佳。

风能设备

发展状况与前景

数千年来，风能技术发展缓慢，也没有引起人们足够的重视。但自1973年世界石油危机以来，在常规能源告急和全球生态环境恶化的双重压力下，风能作为新能源的一部分才重新有了长足的发展。风能作为一种无污染和可再生的新能源有着巨大的发展潜力，特别是对沿海岛屿，交通不便的边远山区，地广人稀的草原牧场，以及远离电网和近期内电网还难以达到的农村、边疆，作为解决生产和生活能源的一种可靠途径，有着十分重要的意义。即使在发达国家，风能作为一种高效清洁的新能源也日益受到重视。

美国早在 1974 年就开始实行联邦风能计划。其内容主要是：评估国家的风能资源；研究风能开发中的社会和环境问题；改进风力机的性能，降低造价；主要研究为农业和其他用户用的小于 100kw 的风力机；为电力公司及工业用户设计的兆瓦级的风力发电机组。美国已于上世纪 80 年代成功地开发了 100、200、2000、2500、6200、7200kw 的 6 种风力机组。目前美国已成为世界上风力机装机容量最多的国家。

现在世界上最大的新型风力发电机组已在夏威夷岛建成运行，其风力机叶片直径为 97.5 米，重 144 吨，风轮迎风角的调整和机组的运行都由计算机控制，年发电量达 1000 万千瓦时。根据美国能源部的统计至 1990 年美国风力发电已占总发电量的 1%。

在瑞典、荷兰、英国、丹麦、德国、日本、西班牙，也根据各自国家的情况制订了相应的风力发电计划。

中国风力机的发展，在 20 世纪 50 年代末是各种木结构的布篷式风车，1959 年仅江苏省就有木风车 20 多万台。到 60 年代中期主要是发展风力提水机。70 年代中期以后风能开发利用列入"六五"国家重点项目，得到迅速发展。进入 80 年代中期以后，中国先后从丹麦、比利时、瑞典、美国、

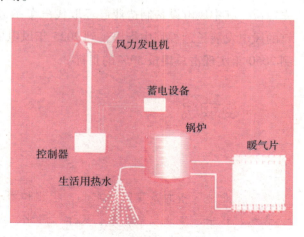

风力锅炉工作原理图

德国引进一批中、大型风力发电机组。在新疆、内蒙古的风口及山东、浙江、福建、广东的岛屿建立了 8 座示范性风力发电场。1992 年装机容量已达

8MW。新疆达坂城的风力发电场装机容量已达 3300kw，是全国目前最大的风力发电场。至 1990 年底全国风力提水的灌溉面积已达 2.58 万亩。1997 年新增风力发电 10 万 kw。目前中国已研制出 100 多种不同型式、不同容量的风力发电机组，并初步形成了风力机产业。

如今，利用风来产生电力所需的成本已经降低许多，即使不含其他外在的成本，在许多适当地点使用风力发电的成本已低于燃油的内燃机发电了。2003 年美国的风力发电成长就超过了所有发电机的平均成长率。自 2004 年起，风力发电更成为在所有新式能源中已是最便宜的了。在 2005 年风力能源的成本已降到 20 世纪 90 年代时的五分之一，而且随着大瓦数发电机的使用，下降趋势还会持续。从目前的技术成熟度和经济可行性来看，风能最具竞争力。从中期来看，全球风能产业的前景相当乐观，各国政府不断出台的可再生能源鼓励政策，将为该产业未来几年的迅速发展提供巨大动力。

根据预计，未来几年亚洲和美洲将成为最具增长潜力的地区。中国的风电装机容量将实现每年 30% 的高速增长，印度风能也将保持每年 23% 的增长速度。印度鼓励大型企业投资发展风电，并实施优惠政策激励风能制造基地，目前印度已经成为世界第五大风电生产国。而在美国，随着新能源政策的出台，风能产业每年将实现 25% 的超常发展。在欧洲，德国的风电发展处于领先地位，其中风电设备制造业已经取代汽车制造业和造船业。在近期德国制订的风电发展长远规划中指出，到 2025 年风电要实现占电力总用量的 25%，到 2050 年实现占总用量 50% 的目标。

 知识点

三北地区

三北地区指的是我国的东北、华北和西北地区。东北包括黑龙江、吉林、辽宁，华北包括北京、天津、河北、山西、内蒙古，西北包括陕西、甘肃、青海、宁夏回族自治区、新疆维吾尔自治区。这些地区的风能比较丰富。

另外，值得一提的是三北防护林，1979 年，国家决定在西北、华

北北部、东北西部风沙危害、水土流失严重的地区，建设大型防护林工程，即带、片、网相结合的"绿色万里长城"。三北防护林体系工程是一项正在我国北方实施的宏伟生态建设工程，它是我国林业发展史上的一大壮举，开创了我国林业生态工程建设的先河。

延伸阅读

"中国电谷"之城

河北保定，素有"首都南大门"之称，是一座历史悠久、人文荟萃的古城。如今，缘于一张城市名片，这座古城受到了人们新的审视。这张闪亮的名片就是依托保定国家高新技术产业开发区打造的"中国电谷"之城。中国电谷，就是在国家级新能源与能源设备产业基地的基础上，凭借电力产业的明显优势，向电力技术的更深、更广领域延伸与扩展，建立以风力发电、光伏发电为重点，以输变电及电力自动化设备为基础的新能源与能源设备企业群和产业群，其目标是集研发、教育、生产、观光、物流为一体，建设世界级的新能源及电力技术创新与产业基地。在全球变暖威胁所催生的绿色经济浪潮中，保定成为一颗冉冉升起的新星，其太阳能电池板、风力发电机叶片等新能源相关产业已世界闻名。近年来，保定市致力于打造中国新能源产业的领军城市，全力建设"中国电谷"和太阳能之城。其凭借日益增强的发展后劲，崛起于京津冀都市圈；保定以崭新的发展模式，成为中国经济第三增长极的一大亮点。

地热能

地球所蕴藏的热能相当于全部煤炭储量所含热能的 1.7 亿倍，或相当于全部石油储量所含热能的 50 多亿倍。地热发电比风能、太阳能和核能都便宜，具有巨大的开发价值。

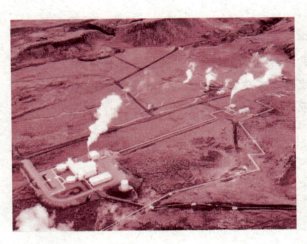

地热能

地热能以其存在的形式可划分成五种类型：蒸汽型，一般是150℃以上的过热蒸汽，杂有少量其他气体；热水型，分为高温（150度以上），中温（90℃～150℃）和低温（90℃以下）热水；地压型，尚有待继续研究的一类地热资源，一般为地压水与碳氢化合物的混合物，所含能量包括机械能（压力）、热能（高温）和化学能（天然气）；干热岩型，地下存在的、没有水或蒸汽的、温度高且有开发价值的热岩石；熔岩型（岩浆型），指熔融状态或半熔融状态岩石中蕴藏的巨大能量，温度为600℃～1500℃。当前应用的地热资源主要是蒸汽型和热水型。蒸汽型可用来发电，热水型可直接使用在供热采暖等多种用途上。其他三种地热资源的应用仍在研究之中。

利用方式

常规利用一般是指温度在150℃以下的地热流体。主要用于采暖空调、工业烘干、农业温室、水产养殖、温泉疗养保健等。据联合国统计，世界地热的直接利用远远超过地热发电。中国的地热直接利用居世界首位，其次是冰岛、日本。

（1）采暖、供热水使用方法比较简单，只要在有地热资源的地方钻一口井，将地下热水直接引入所需要的地方，如居民住房、养殖池、蔬菜大棚等。采取地热泵供暖制冷，其能量转换效率更高，运营成本也较低。该方法是利用地下相对稳定的土壤温度，通过深藏建筑物下面的管路系统与地表建筑物进行热交换，可一年四季调节建筑物内的温度。此外，新西兰、俄罗斯等国还用地热空调制冷。

（2）在工业应用方面，可以从地热流体中提取锂、硼、氯化钾、氯化钙

等有用金属和矿物质，还可以用于食品生产和做其他工业生产用蒸汽。

（3）医疗保健。地下热水含有极少量的原生水和某些特殊的化学元素，对于治疗关节炎、神经系统疾病、心血管疾病等有明显疗效，具有增进健康、增强体质的作用。因此，地下热水在许多医院、疗养院里又被用于洗浴之用。世界上有许多著名的温泉疗养地。

应用前景

地热能属于清洁的可再生能源，借助地热可将水重新加热，循环使用，极具开发价值。1904 年意大利人在拉德瑞罗地热田建立了世界上第一座地热发电站，功率为 550 瓦，仅点亮 5 盏灯，开了地热发电之先河。至 20 世纪 60 年代，美国、新西兰、日本等 17 个国家都建成了规模较大的地热发电站。到 20 世纪 80 年代末，全世界运行的地热电站年发电功率超过 500 万千瓦，1995 年达到 680 万千瓦，年增 16%。鉴于环境保护和能源紧缺等问题一直困扰全球，许多国家都将地热开发利用列为新能源资源和改善环境的重要战略手段。据国际能源机构调查，迄今全世界已有 110 个国家正在开发利用地热能源，美国、欧洲诸国，特别是丹麦、德国、冰岛等工业化国家，地热开发利用发展很快。美国新近提出开发西部地热新计划，研究先进的地热能源应用技术、地热勘探新技术和建立小规模地热能发电厂。就是能源资源极其匮乏的日本，地热发电装机容量也已达到 52 万千瓦。第三世界国家，以菲律宾、墨西哥等国地热发电居前列。

中国地处世界两大地热带，地热资源丰富，已探明的地热储量相当于 4626 亿吨标煤，现已开发利用的仅为十万分之一，潜力非常大。我国较大规模地开发地热能也有较长的历史。

美国黄石公园的地热温泉

20世纪70年代，北京市就有规模地进行地热开采，与此同时，广东丰顺建立第一座地热发电试验站，后来江西宜春、河北怀来、西藏羊八井等地也建立了地热试验电站。近年来，我国地热开发有很大的发展，已建立了地热采暖示范工程，地温中央空调在十几个省市推广，洗浴用变频调速器技术和地热的回灌技术也已成熟，这些技术可以大大节约地热水资源，提高地热使用效率。但是，在地热发电方面，我国仍落后于亚、非、拉一些发展中国家，与其地位很不相称。我们必须加大地热应用技术研究和开发的力度，同时，还应认真保护地热资源，防止因乱采而造成资源浪费。

知识点

温 泉

温泉是泉水的一种，是一种由地下自然涌出的泉水，其水温高于环境年平均温5℃。形成温泉必须具备地底有热源存在、岩层中具裂隙让温泉涌出、地层中有储存热水的空间三个条件。温泉是自然产生的，所以使用柴火烧或是热水器加热的水并不能算温泉，充其量只能说是热水。另外，依化学组成分类，温泉中主要的成分包含氯离子、碳酸根离子、硫酸根离子，依这三种阴离子所占的比例可分为氯化物泉、碳酸氢盐泉、硫酸盐泉。依温度依温泉流出地表时与当地地表温度差，可分为低温温泉、中温温泉、高温温泉、沸腾温泉四种。

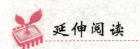
延伸阅读

华清池

华清池，亦名华清宫，位于西安市临潼区骊山北麓，西距西安30公里，南依骊山，北临渭水，是以温泉汤池著称的中国古代离宫，周、秦、汉、隋、唐历代统治者，都视这块风水宝地为他们游宴享乐的行宫别苑，或砌石起宇，兴建骊山汤，或周筑罗城，大兴温泉宫。历史文献及考古发掘的资料证明，华清池具有 6000 年温泉利用史和 3000 年的皇家园林建筑史。华清池内有多处汤池，其中著名的"海棠汤"，俗称"贵妃池"，始建于公元 747 年，因平面呈一朵盛开的海棠花而得名。白居易《长恨歌》中"春寒赐浴华清池，温泉水滑洗凝脂。侍儿扶起娇无力，始是新承恩泽时"的杨贵妃在这花朵一样的浴池中沐浴了近十个春秋。2007 年 5 月 8 日，华清池景区被批准为国家 5A 级旅游景区。

氢 能

氢在元素周期表中位于第一位，它是所有原子中最小的。众所周知，氢原子与氧原子化合成水，氢通常的单质形态是氢气，它是无色无味，极易燃烧的双原子的气体，氢气是最轻的气体。在标准状况（0℃和一个大气压）下，每升氢气只有 0.0899 克重——仅相当于同体积空气质量的 $\frac{2}{29}$。氢是宇宙中最常见的元素，氢及其同位素占到了太阳总质量的 84%，宇宙质量的 75% 都是氢。

氢是一种高效燃料，每千克氢燃烧所产生的能量为 33.6 千瓦时，差不多等于汽油燃烧的 2.8 倍，燃氢汽车比汽油汽车总的燃料利用效率约可提高 20%。氢燃烧的主要生成物为水，除极少量的氮氧化物外，绝对没有一氧化碳、二氧化碳和二氧化硫等污染环境的有害物质排放，所以环境效益特别好。

氢能的优点

氢作为能源，有以下优点：

（1）所有元素中，氢重量最轻。在 -252.7°C 时，可成为液体，若将压力增大到数百个大气压，液氢就可变为固体氢。

（2）所有气体中，氢气的导热性最好，比大多数气体的导热系数高出 10 倍，因此在能源工业中氢是极好的传热载体。

（3）氢是自然界存在最普遍的元素，除空气中含有氢气外，它主要以化

氢能在航天上的利用

合物的形态贮存于水中，而水是地球上最广泛的物质。据推算，如把海水中的氢全部提取出来，它所产生的总热量比地球上所有化石燃料放出的热量还大9000倍。

（4）除核燃料外氢的发热值是所有化石燃料、化工燃料和生物燃料中最高的，是汽油发热值的3倍。

（5）氢燃烧性能好，点燃快，与空气混合时有广泛的可燃范围，而且燃点高，燃烧速度快。

（6）氢本身无毒，与其他燃料相比氢燃烧时最清洁，除生成水和少量氮气外不会产生诸如一氧化碳、二氧化碳、碳氢化合物、铅化物和粉尘颗粒等对环境有害的污染物质，少量的氮气经过适当处理也不会污染环境，而且燃烧生成的水还可继续制氢，反复循环使用。

（7）氢能利用形式多，既可以通过燃烧产生热能，在热力发动机中产生机械功，又可以作为能源材料用于燃料电池，或转换成固态氢用作结构材料。用氢代替煤和石油，不需对现有的技术装备做重大的改造，现在的内燃机稍加改装即可使用。

（8）氢可以以气态、液态或固态的氢化物出现，能适应贮运及各种应用环境的不同要求。

氢能利用面面观

氢能利用方面很多，有的已经实现，有的人们正在努力追求。为了达到清洁新能源的目标，氢的利用将充满人类生活的方方面面，我们不妨从古到今，把氢能的主要用途简要叙述一下。

依靠氢能可上天

古代，秦始皇统一中国，他想长生不老，曾积极支持炼丹术。其实炼丹术士最早接触的就是氢的金属化合物。无奈多少帝王梦想长生不老，或幻想遨游太空，都受当时的科学技术水平所限，真是登天无梯。到后来，1869年俄国著名学者门捷列夫整理出化学元素周期表，他把氢元素放在周期表的首位，此后从氢出发，寻找与氢元素之间的关系，为众多的元素打下了基础，人们对氢的研究和利用也就更科学化了。至1928年，德国齐柏林公司利用氢的巨大浮力，制造了世界上第一艘"LZ－127齐柏林"号飞艇，首次把人从德国运送到南美洲，实现了空中飞渡大西洋的航程。大约经过了十年的运行，航程16万多千米，使1.3万人领受了上天的滋味，这是氢气的奇迹。

然而，更先进的是20世纪50年代，美国利用液氢做超声速和亚声速飞机的燃料，使B－57双引擎轰炸机改装了氢发动机，实现了氢能飞机上天。特别是1957年苏联宇航员加加林乘坐人造地球卫星遨游太空和1963年美国的宇宙飞船上天，紧接着1968年"阿波罗"号飞船实现了人类首次登上月球的创举。这一切都依靠着氢燃料的功劳。面向科学的21世纪，先进的高速远程氢能飞机和宇航飞船，商业运营的日子已为时不远，过去帝王的梦想将被现代的人们实现。

利用氢能可开车

以氢气代替汽油作汽车发动机的燃料，经过日本、美国、德国等许多汽车公司的试验，技术是可行的，目前主要是廉价氢的来源问题。氢是一种高效燃料，每公斤氢燃烧所产生的能量为33.6千瓦小时，几乎等于汽车燃烧的2.8倍。氢气燃烧不仅热值高，而且火焰传播速度快，点火能量低（容易点着），所以氢能汽车比汽油汽车总的燃料利用效率可高20%。当然，氢的燃烧主要生成物是水，只有极少的氮氧化物；绝对没有汽油燃烧时产生的一氧化碳、二氧化碳和二氧化硫等污染环境的有害成分。氢能汽车是最清洁的理想交通工具。

氢能汽车的供氢问题，目前将以金属氢化物为贮氢材料，释放氢气所需的热可由发动机冷却水和尾气余热提供。现在有两种氢能汽车，一种是全烧氢汽车，另一种为氢气与汽油混烧的掺氢汽车。掺氢汽车的发动机只要稍加改变或不改变，即可提高燃料利用率和减轻尾气污染。使用掺氢5%左右的汽车，平均热效率可提高15%，节约汽油30%左右。因此，近期多使用掺氢

汽车，待氢气可以大量供应后，再推广全燃氢汽车。德国奔驰汽车公司已陆续推出各种燃氢汽车，其中有面包车、公共汽车、邮政车和小轿车。以燃氢面包车为例，使用 200 公斤钛铁合金氢化物为燃料箱，代替 65 升汽油箱，可连续行车 130 多千米。德国奔驰公司制造的掺氢汽车，可在高速公路上行驶，车上使用的储氢箱也是钛铁合金氢化物。

掺氢汽车的特点是汽油和氢气的混合燃料可以在稀薄的贫油区工作，能改善整个发动机的燃烧状况。在中国许多城市交通拥挤，汽车发动机多处于部分负荷下运行，采用掺氢汽车尤为有利。特别是有些工业余氢（如合成氨生产）未能回收利用，若作为掺氢燃料，其经济效益和环境效益都是可取的。

燃烧氢气能发电

大型电站，无论是水电、火电或核电，都是把发出的电送往电网，由电网输送给用户。但是各种用电户的负荷不同，电网有时是高峰，有时是低谷。为了调节峰荷、电网中常需要启动快和比较灵活的发电站，氢能发电就最适合扮演这个角色。利用氢气和氧气燃烧，组成氢氧发电机组。这种机组是火箭型内燃发动机配以发电机，它不需要复杂的蒸汽锅炉系统，因此结构简单，维修方便，启动迅速，要开即开，欲停即停。在电网低负荷时，还可吸收多余的电来进行电解水，生产氢和氧，以备高峰时发电用。这种调节作用对于电网运行是有利的。另外，氢和氧还可直接改变常规火力发电机组的运行状况，提高电站的发电能力。例如氢氧燃烧组成磁流体发电，利用液氢冷却发电装置，进而提高机组功率等。

更新的氢能发电方式是氢燃料电池。这是利用氢和氧（成空气）直接经过电化学反应而产生电能的装置。换言之，也是水电解槽产生氢和氧的逆反应。20 世纪 70 年代以来，日美等国加紧研究各种燃料电池，现已进入商业性开发，日本已建立万千瓦级燃料电池发电站，美国有 30 多家厂商在开发燃料电池。德、英、法、荷、丹、意和奥地利等国也有 20 多家公司投入了燃料电池的研究，这种新型的发电方式已引起世界的关注。

值得期待的氢能源革命

在现有的科技水平下，除氢能之外的其他不依赖于化石燃料的替代能源各有其局限性。理论上说，可控核聚变可以永久地解决人类能源问题，但是，核聚变发电在技术上还有很大障碍，而且难以解决交通和工业所必需的可移动性能源问题。生物能源所需要的相关植物的种植要占用大量土地，受种植规模的限制，生物能源总量较少。水库水力发电、风力发电、太阳能发电和潮汐发电都属于可再生能源，但都有间歇性、难以储存和携带等缺陷，且受到客观条件的限制，难以成为主流能源。

氢能是能够给中国乃至世界带来"能源革命"、使人类彻底摆脱能源限制、具有根本性意义的替代能源。氢能具有燃烧热值高、可连续供能、可储存、可携带的特点。氢可以通过电解水取得，而地球70%的面积被水所覆盖，包括各类海水和淡水，水的总储量约14亿立方千米。水本身是可循环的，消费以后，通过大自然蒸发、降水、流动可以不断恢复和更新，从全球水圈来讲，总水量是恒定的。从这个意义上讲，水资源是不会耗竭的再生性资源，因而氢也可以看作不会耗竭的再生性资源。

人类对氢的物理化学性能已经非常了解，氢能源技术已接近成熟。可以用风能、太阳能和潮汐能等可再生的清洁能源发电，并用这种电力从水中制氢，这样就实现了整个过程的可再生性。按现在的发电成本计算，1公斤氢的成本是1.2美元，接近石油价格。如果利用太阳能、风能发电，然后电解水产生氢，成本将会更低。未来的趋势是常规化石能源价格不断上涨，而氢能由于制造工艺日益成熟，市场扩大导致规模效益逐步体现，氢能价格呈下降趋势。如果集中力量解决了氢的安全使用问题，降低氢能源成本，发明出以氢为能源的"氢动机"，如同电动机的发明和使用推动了产业和技术进步一样，"氢动机"也将带动一系列的产业和技术进步。

氢能源如能替代目前的常规化石能源，一可以破解中国"能源困局"，保证能源的供给自力更生，减少污染，确保中国可持续发展。二可以把储量有限的煤、石油、天然气资源作为化工原料，广泛应用于其他生产领域；三可以摆脱能源对国际市场依赖的掣肘，更容易争取到中国发展所需要的和平友好的国际大环境。

美、英等发达国家已经充分认识到了氢能的革命性意义，提出了以氢能源代替化石能源为特征的"氢经济"这一概念，其政府已经制定了国家的《氢能源发展战略》。美国政府2003年初宣布将投资超过100亿美元用于氢能源和氢燃料发动机的研究开发。通用汽车公司和壳牌石油公司等产业巨头都投入巨资研究开发氢能源和以氢为燃料的内燃机，现已有多家汽车公司开发出了以氢电池为能源的电力汽车。

中国已通过了《可再生能源法》，中国还应加快制定《氢能源发展战略》，改变目前对发展各种替代能源平均用力的状态，将人力、物力重点投入到氢能开发。将来，氢能应成为主流能源，其他替代能源应主要用作电解水制氢所需要的电力，如把间歇性的、难以储存的风能、太阳能转变为可连续供能、满足移动使用要求、可储存的氢能。在操作层面要采取以下措施：

（1）"氢能源革命"涉及国民经济各部门，有必要成立跨部门的、负责推进氢能源发展战略的专门执行机构，直属国务院，协调财政、金融、税务、科技、能源、交通、工业等政府部门和企业的立场，排除在氢能源推广过程中来自不同利益集团的阻力。制定统一的技术标准，推出鼓励氢能生产和消费的政策，如财政贴息贷款、税收优惠、氢能源使用的消费补贴、氢能源使用设备的生产补贴等，通过制度安排建立有利于"氢能源革命"的社会大环境。

（2）依托在氢能研究开发和应用方面处于领先地位的机构，扶大扶强，集中人力物力，对氢能的安全性、生产、贮运、转化及应用诸环节存在的难点进行科技攻关，优化制氢工艺，研制制氢设备和交通、工业、生活等不同领域应用氢能所需的设备。

（3）在氢能的生产、应用等方面取得一定突破后，以控制石油进口总量的方式控制石油供应量，提高石油价格，通过市场手段鼓励社会转向应用氢能。

（4）动员社会力量参与，吸纳社会资金，采用政府贴息贷款、税务优惠等手段鼓励和引导企业投入到氢能研究、开发和使用中来。

（5）加大媒体宣传力度，让民众了解"氢能源革命"对实现中国可持续发展、破解"能源困局"的革命性意义，以各自不同的方式支持氢能的推广和使用。

有学者认为中国"氢能源革命"将耗时30—40年，分为三个阶段：

第一阶段：（1）研制和生产利用太阳能、风能发电的设备和制氢设备以及氢的储运系统，主要目标是降低氢的生产、储运成本，确保应用安全。（2）研制交通工具（首先是汽车）所需的氢动力发动机，启动氢能源在工业领域的应用研究。（3）进行制氢和氢动力汽车生产的中间实验。

第二阶段：（1）完成汽车动力从汽油、柴油到氢动力的转换。（2）进行其他交通工具（船舶、火车和飞机）的氢能发动机中间实验。（3）研制氢能源工业和生活应用的设备和工艺，如发电、水泥、冶金、玻璃、陶瓷、工业锅炉、生活供热、制冷所需的氢能源设备研制、工艺研究和中间实验。（4）建立以风能和太阳能发电制氢为主、小水电和潮汐能制氢为辅的氢能源生产基地，基地可选择在风能、太阳能丰富的西部地区和沿海风能富集地区。

第三阶段：全面实现以"氢能源革命"为基础的工业革命，除少数例外（如军用产品），整个国民经济和人民生活以氢能作为能源基础，矿石燃料将主要用做化学工业原料。

人类利用能源的历史表明，一种新型能源的出现和能源科学技术的重大突破，都会带来经济飞跃，引起社会生产方式的革命，称之为"能源革命"。第一次"能源革命"以煤炭的广泛使用为特征，促进了蒸汽机的应用和发展，导致了人类社会发展史上第一次"工业革命"，人类社会开始进入工业化时代。第二次"能源革

宝马 760li 氢能汽车

命"以电力普及为主要特征，电动机取代蒸汽机，电力成为工业基本动力，导致了以工业电气化为特征的第二次"工业革命"。伴随两次"能源革命"而发生的两次"工业革命"震撼了人类社会，使生产方式、生活方式等方面都发生了革命性的变化。氢能的广泛使用是一场新的能源革命，不仅可解决可再生能源问题，确保社会经济可持续发展的能源基础，还有可能带动一系列的产业、技术进步，对人类社会发展产生深远影响，从而有可能催生新的"氢能源工业革命"。

液　氢

　　液氢是由氢气经由降温而得到的液体。液氢须要保存在非常低的温度——$-250℃$以下。它通常被作为火箭发射的燃料。液氢的密度小，大约为每立方米 70.8 千克。采用液态氢的核心技术难题是如何保持它的超低温，否则就会汽化并蒸发，但液氢的能量密度比高压气态氢（压缩到 700 磅）多出 75%，因此采用液氢的车辆可实现相对较长的行驶里程，随之带来各种实际的好处。

车载氢氧机

　　目前，氢内燃气和燃料电池两种氢能汽车方案都存在制氢成本高、贮存成本高等现实难题，要想达到产业化和全面普及尚有待时日。于是，一种车载氢氧机方案被提出。

　　车载氢氧机是利用汽车上蓄电池的电力对水进行电解，所产生的氢氧混合气由进风口被吸入汽车内燃机中，和传统的汽油、柴油或是天然气混合燃烧。氢氧混合气只有加入 5% 左右，即可达到降低燃油消耗 10%~40%，同时减少 50% 的污染排放。

　　车载氢氧机节能减排的实践已被验证，这是氢能普及道路上的一个过渡方案。虽没有完全替代传统燃料，但能达到节能减排，也是一个不错的选择，毕竟这种方案投资少，见效快，更容易被消费者所接受。

潮汐能

"白浪茫茫与海连，平沙浩浩四远边。暮去朝来淘不住，遂令沧海变桑田。"这是唐代大诗人白居易对壮观潮汐的生动描写。古往今来，潮汐不但是文人雅士吟诵的对象，更因其对生产和生活的重大影响而为广大人民所注目。

潮汐涌动的海洋，覆盖着71%的地球表面，时而上涨，时而下落，涨时谓为潮，落时谓之汐，统称潮汐。"涛之起也，随月盛衰"。我们的祖先早在东汉时期就已认识潮汐的规律，把潮汐与月亮联系起来。不过，尽管"潮汐由月球引力引起"这一说法广为流传，它却远远不是精确的表达。

潮　汐

若把地球月球看成一个系统，那么它们以同样的方向绕地球月球公共质心转动。这个公共质心大约在离地面1700千米。地球绕地月系公共质心这点转动时，使地球上每处都产生一种惯性离心力，它对地球上任何一地点都相同。另一方面，地球还受到月球引力，而这个引力对地球上离月球距离不同的各点产生的力也不相同，于是相同的离心力和不同的引力产生的合力作用产生了海洋潮汐，我们称它为月球起潮力。同样的道理，地球和太阳的公转也会受到太阳起潮力。地球上的潮汐现象就是这样两种起潮力综合作用的结果。

古人的直接利用

永不休止的海水涨落运动，蕴藏着巨大的能量，能不能把潮汐的巨大能量充分利用起来？这是自古以来人们一直在考虑的问题。1000多年来，我国劳动人民为研究潮汐的利用做出了巨大贡献。

比如，在我国的山东蓬莱县，人们利用涨潮落潮的水位差来推动磨车，碾磨谷物。在福建泉州市的东北与惠安县交界的洛阳江上，有一座我国著名的梁架式古石桥——洛阳桥，它建于北宋皇祐五年到嘉祐四年（1053—1059年）。当我们游览参观了这座至今保存完好的古石桥之后，一定会惊讶地提出：在900多年前的技术条件下，数十吨重的大石梁，是怎样架到桥墩上去的呢？说来也很简单，当时的能工巧匠巧妙地利用了潮汐能。他们预先将石梁放在木浮排上，趁涨潮之际，将木排驶入两桥墩之间。随着潮涨，石梁慢慢举高，当临近高潮、石梁超过桥墩时。用不着花多大力气，就可将石梁扶正对准桥墩，待落潮一到，大石梁就稳稳地就架在桥墩上了。泉州的大潮潮差可达6米以上，高举大石梁对于巨大的潮汐能来说，简直不费吹灰之力。今天，当人们站在洛阳桥上赞叹我国人民的聪明才智之余，当然也不免为潮汐能年复一年、日复一日地白白付之东流而惋惜。

以上讲的是直接利用潮汐的方式，也就是将潮汐中蕴藏的势能和动能直接转变为另一种形式的机械能作功。这种利用方式，既不方便，又大材小用。所以，近代以来利用潮汐发电，将潮汐能转变成电能，是人们的奋斗目标。

今人利用潮汐发电

发电机问世以后，为人们提供了利用潮汐发电的条件。

世界第一座发电厂建立以后仅仅30年的时间，即1912年，德国就在石勒苏益格—荷尔斯泰因州的布苏姆建成了世界上第一座利用潮汐发电的潮汐电站。此后，随着能源需求量的增加。研究潮汐发电的国家也逐渐增多起来。法国、中国、加拿大、苏联、美国、英国、印度、澳大利亚和阿根廷等国家竞相投入大量人力物力。

潮汐所蕴藏的能量实在有着诱人的魅力。有人估算过，如果把地球上的潮汐能利用起来，每年可以发出1.24万亿度的电来。

我国的潮汐动力资源也十分丰富，若按50年代末的统计，我国潮汐能的理论蕴藏量达1.1亿千瓦，可供开发的约3580万千瓦。一旦开发出来。每年可提供电力8700亿度，相当于47个新安江水电站的年发电量。

潮汐发电要比河水发电优越。它不受天气干旱的影响，也不需要因建造水库而占用耕地和移民拆迁。河水发电有"白煤"之称，潮汐发电则被誉为"蓝色煤海"。

潮汐发电的原理和水力发电的原理大同小异，也是利用水的力量，通过水轮机将势能变成机械能，再由水轮机带动发电机将机械能变成电能。那么，怎么才能使水变得有力量呢？条件很简单，人们在合适的海湾口处建造起一座海堤，把入海口或海湾与大海隔开，形成水库，利用潮汐涨落时水位的升降，获得势能，从而推动水轮发电机组发电。

潮汐发电的方式，通常根据不同的建站方式和不同的运行方向来进行分类，一般分成三类。即：单库单向式潮汐发电——涨潮时，打开水闸闸门，让潮水涌进海湾水库，使水库水位随着潮位一同升高。到最高潮位时，立即关闭闸门，把库水和大海

世界首台潮汐能发电机

分隔开来，不让海湾水库里的水随落潮而退回大海。等到海潮退到一定的水位时。海湾水库的水位就高于大海的水位了，已经形成了水向低处流的条件，具备了做功的力量。这时，再把水库的闸门打开，让水库的水推动水轮机的叶片，带动发电机发电以后再流回大海。

这是最古老的一种潮汐发电形式，世界上第一个潮汐电站就是这样工作的。对于每天涨两次落两次的大海，这种电站每天就可以工作两次，发电10—12个小时。

随着时间的推移，人们发现这种发电方式并没有把水的力量充分利用起来。须知，具有一定落差和流量的水流，对人类来说实在太宝贵了，它能够为人类贡献力量，白白地让它流掉岂不可惜！这样，人们又开始研制一种新型的水轮机。经过艰苦的探索这种新型的水轮机问世了。这种水轮机既可以顺转，也可以倒转，再给它配上可以正反转的发电机，就成了可以正反方向

运行的可逆式水轮发电机组。这样，不论海水是涨潮还是落潮，我们都可以利用潮水发出电来。

总之，不同形式的潮汐发电站，都有它们的长处和短处，在建设中要根据不同的要求，因地制宜地选择使用。

潮汐发电站尽管其形式多种多样，但大体上总是由三部分组成：

第一部分是坝体，用来阻拦海水，以形成水库，是发电站的主体部分。坝体的长度和高度，要根据当地地理条件和潮差大小来决定。因为潮差不会很大，所以坝体的高度一般要比河流水力发电站的拦河坝低；

第二部分是引水系统，由各种闸门、引水道组成，它的主要作用是造成水库水面和海面、以及高低库之间的落差，这样才能推动水轮发电机组发电；

第三部分是以水轮发电机组为主体的发电设备和输电线路。发电设备安装在坝体的水下部位，是发电站的心脏。有了这三部分，潮汐电站就可以工作了。

潮汐能是一种取之不尽、用之不竭的天然能源，随着科技的发展，21世纪潮汐能源的利用，必将给人类带来巨大利益。

潮汐发电在世界各国中发展是不平衡的，其中以法国、俄罗斯、英国和加拿大等国发展较快，并取得了一些成就。目前他们已经建成年发电量5亿多度的潮汐发电站，并且正向着巨型和超巨型的潮汐发电站进展。

我国海岸线长达1.8万多千米，岛屿岸线长1.4万千米，蕴藏着大量的潮汐能量。仅浙江一个省，就可开发出227亿度的电，相当于两座葛洲坝水电站发出的电力！已建成江厦潮汐电站，装机容量为3000千瓦，年发电量1070万度以上。它的建成和使用，又为我国今后进一步开发和利用潮汐能积累了丰富的经验。经过考察，宁海县的黄墩港已作为万千瓦级潮汐试验电站站址。这个港湾可装机近5万千瓦，年发电量可在1.3亿度以上。

建造潮汐电站除了发电以外，还可以获得围垦滩涂、水产养殖、化工和水利等多种经济效益。因此，在开发潮汐能建造潮汐电站筑坝筑水库时，应注意合理安排，做到综合开发。

 **知识点**

可逆式水轮机

可逆式水轮机，又称水泵水轮机、发电电动机。它既可作水轮机运行，又可作水泵运行，主要用于抽水蓄能电站。可逆式水轮机也分为混流式、斜流式和轴流式3种。其中以混流式应用最广，因为它的应用水头范围广（30～600米）。世界上最高水头的混流式可逆水轮机装于南斯拉夫巴伊纳巴什塔电站，水头为600.3米，水泵扬程为623.1米，单机功率为315兆瓦。

 **延伸阅读**

波浪能

汹涌澎湃的海浪，蕴藏着极大的能量，这种能量使表面海水分子获得一定的能量，同时包含着动能和势能。据计算，在每一平方千米的海面上，运动着的海浪，大约蕴藏着30万千瓦的能量。目前，科学家对全球蕴藏的波浪能的具体数量还没有一个公认的量化数字。有人以世界各大洋平均波高1米、周期1秒的波浪推算，断定全球波浪能功率为700亿千瓦。其中可开发利用的为（20～30）亿千瓦。另外，日本专家仅以拥有海岸线1.3万千米的日本推算，其波浪能就有14亿千瓦。发展波浪能发电技术投资少、见效快、无污染、不需原料投入，因此引起各国的关注，一致认为合理开发利用波浪能具有重大的实用价值。目前，各国多数是研制用于航标灯、浮标等电源使用的小型波力发电装置，仅日本就有1500多座在使用中，据统计，全世界有近万座在运转。有些国家已开始向中、大型波力发电装置方向发展。

生物质能

　　生物质是指通过光合作用而形成的各种有机体，包括所有的动植物和微生物。而所谓生物质能，就是太阳能以化学能形式贮存在生物质中的能量形式，即以生物质为载体的能量。它直接或间接地来源于绿色植物的光合作用，可转化为常规的固态、液态和气态燃料，取之不尽、用之不竭，是一种可再生能源，同时也是唯一一种可再生的碳源。

　　地球上的生物质能资源十分丰富，而且是一种无害的能源。地球每年经光合作用产生的物质有1730亿吨，其中蕴含的能量相当于全世界能源消耗总量的10～20倍，但目前的利用率不到3%。

生物质颗粒燃料

生物质资源的种类

　　人们现在通常把主要的生物质（生物量）资源划分为以下几大类。

　　一是农作物类，主要包括：产生淀粉的甘薯、玉米、番薯等；产生糖类的甘蔗、甜菜、果实和废液等。

　　二是林作物类，主要包括：树木类，指白杨、悬铃木、赤杨、枞树等；森林工业废物以及苜蓿、芦苇等草木类。

　　三是水生藻类，主要包括：海洋性的马尾藻、巨藻、石莼、海带等，淡水生的布袋草、浮萍等，微藻类的螺旋藻、小球藻等；蓝藻、绿藻等。

　　四是石油类，主要包括：橡胶树、蓝珊瑚、桉树、葡萄牙草等。

　　五是光合成微生物，主要包括：硫细菌、非硫细菌等。

　　六是未利用资源，主要包括：农产品废弃物（如稻秸、稻壳等）、城市垃圾（小枝、皮、叶、锯末、低浆渣等）、林业废弃物、畜业废弃物等。

　　上述种种，有些是本身就带有生物能源，有些则是作为底物经过其他中介生成生物能源。

生物质能的利用

利用现代技术，将生物质转化为能量可以通过直接燃烧的方法，也可用生化学和热化学法转换成气体、液体和固体燃烧，例如木材、草类、农作物等。利用生物能可进行乙醇、甲醇、甲烷、植物油、汽油、氢等的工业生产。目前使用的转换技术主要是生物质厌氧消化生产沼气；生物质发酵制取酒精；生物质热分解气化等。

生物质能的转换技术，具体说，大致可分为以下三类。

沼气池

（1）直接燃烧 这是生物质能最简单、应用最广泛的转换技术。直接燃烧的主要目的是为了获取热量，而燃烧热值的多少首先是与有机质种类不同有直接关系，同时还与空气（氧气）的供给量有关系。有机物氧化越充分，产生的热量就越多。普通炉灶直接燃烧生物质能的转换效率很低，一般不超过20％。现在推广的节柴灶已可将效率提高到30％以上。

（2）生物转换技术。这是生物质能通过微生物发酵方法转换为液体燃料或气体燃料技术。一般糖分、淀粉、纤维素都可经微生物发酵生产酒精。利用这些原料在28℃～30℃的恒温条件下发酵36—72小时，可以转换成含8％～12％乙醇的发酵醪液，经蒸馏后就可获得纯度为96％的酒精，再经化学方法脱水，就可获得无水酒精。用沼气发酵方法就可以获得气体燃料。

（3）化学转换技术。这是生物质能通过化学方法转换为燃料物质的技术。目前有三种基本方法：有机溶剂提取法，这是将植物干燥切碎，再用丙酮、苯等化学溶剂，在通蒸汽的条件下进行分离提取；气化法，这是将固体有机物燃料在高温下与气化剂作用中产生气体燃料的方法，根据气化剂不同，而得到不同气体燃料；热分解法，这是将有机质隔绝空气后加热分解，可得到固体和液体燃料，陈材于馏就是热分解法的一种。

此外，生物质还可通过多种煤气发生炉转化为可燃煤气。从长远看，绿色能源的开发利用，必将是跨世纪的大趋势，而且可以预见，21 世纪生物质能技术的发展，必将取得令人鼓舞的进步。

 知识点

光合作用

光合作用是绿色植物和藻类利用叶绿素等光合色素和某些细菌（如带紫膜的嗜盐古菌）利用其细胞本身，在可见光的照射下，将二氧化碳和水（细菌为硫化氢和水）转化为有机物，并释放出氧气（细菌释放氢气）的生化过程。植物之所以被称为食物链的生产者，是因为它们能够通过光合作用利用无机物生产有机物并且贮存能量。通过食用，食物链的消费者可以吸收到植物及细菌所贮存的能量，效率为 $10\% \sim 20\%$ 左右。光合作用是一系列复杂的代谢反应的总和，是生物界赖以生存的基础，也是地球碳氧循环的重要媒介。

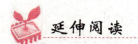 延伸阅读

环保纪念日

世界水日。1993 年 1 月 18 日，第四十七届联合国大会做出决议，确定每年的 3 月 22 日为"世界水日"。决议提请各国政府根据各自的国情，在这一天开展一些具体的活动，以提高公众意识。从 1994 年开始，我国政府把"中国水周"的时间改为每年的 3 月 22 日至 28 日，使宣传活动更加突出"世界水日"的主题。

世界无烟日。1987 年世界卫生组织把 5 月 31 日定为"世界无烟日"，以

提醒人们重视香烟对人类健康的危害。

世界环境日。1972 年 6 月 5—16 日，联合国在斯德哥尔摩召开人类环境会议，制定了《联合国人类环境会议宣言》，以鼓舞和指导世界各国人民保持和改善人类环境，并建议将此次大会的开幕日定为"世界环境日"。

国际臭氧层保护日。1987 年 9 月 16 日，46 个国家在加拿大蒙特利尔签署了《关于消耗臭氧层物质的蒙特利尔议定书》，开始采取保护臭氧层的具体行动。联合国设立这一纪念日旨在唤起人们保护臭氧层的意识，并采取协调一致的行动以保护地球环境和人类的健康。

可燃冰

"可燃冰"是未来洁净的新能源，被科学家誉为"人类未来的能源"。它是天然气的固体状态，它的主要成分是甲烷分子与水分子。它的形成与海底石油的形成过程相仿，而且密切相关。埋于海底地层深处的大量有机质在缺氧环境中，厌气性细菌把有机质分解，最后形成石油和天然气。其中许多天然气又被包进水分子中，在海底的低温与压力下又形成"可燃冰"。科学家估计，海底可燃冰分布的范围约占海洋总面积的 10%，相当于 4000 万平方千米，是迄今为止海底最具价值的矿产资源，足够人类使用 1000 年。

1810 年，英国化学家戴维最早发现这种水化物，当时他在试验中发现了一种晶体，像冰，燃烧后变成了一摊水。但戴维根本不知道海底会有这种矿物。到了 20 世纪 90 年代，苏联科学家，在西伯利亚永久冻土带，发现了这种"可燃冰"。当时被火柴点着后，燃起蓝色火焰后留下一摊水。这引起科学家的兴趣，研究后证明，"可燃冰"是一种天然有机气体——甲烷、乙烷等气体与水的化合物，因此被人们称为"水合天然气"、"晶体天然气"，"可燃冰"。

人类对可燃冰的勘探

苏联的科学家从冻土想到海底，预言海洋底层一定蕴藏着丰富的水合天然气。他们有什么科学根据呢？主要有三条理由：第一，在很深的海底，太

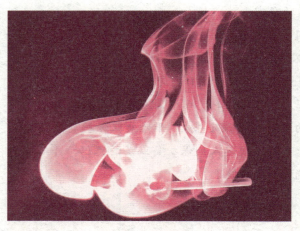

燃烧中的可燃冰

阳光完全照射不到，温度很低；第二，上面覆盖着海水的重量，使海底沉积物受到很大压力；第三，海底沉积物中含有丰富的动物和微生物遗体，这些遗体可大量分解成甲烷、乙烷。只有存在这三个条件下，这种"可燃冰"才有可能成为晶体状存在。

可燃冰由海洋板块活动而成。当海洋板块下沉时，较古老的海底地壳会下沉到地球内部，海底石油和天然气便随板块的边缘涌上表面。当接触到冰冷的海水和在深海压力下，天然气与海水产生化学作用，就形成水合物。

科学家对苏联科学家的预言很感兴趣。海洋钻探船——"挑战者"号，首先证实了这种预言，他们在世界海洋中通过钻探，已有 43 个海区的海底沉积物中，有大量水合天然气蕴藏着。这些海区分布在大陆斜坡上，这些斜坡水深都在 300 米以下，而且海底沉积物较厚，跟有机物很丰富有关。科学家分析，世界海洋中有 10% 的面积有生成和储存水合天然气条件。

水合天然气一般产于水深 300 米以下的海底沉积物中，在沉积物上层 100～300 米处。过深的深度，由于地热增温，会使水合天然气分解。水合天然气既可充填在松散的孔隙中，又可单独构成坚固的壳层，在壳层以下的沉积物中常有大量气态的天然气。

1996 年，以英国为首的 16 个国家出资建造一艘科学考察船，到美国北卡罗来纳州附近大西洋海域进行钻探。在 100 平方英里内，就发现甲烷储量是美国目前每年消耗量的 20 倍。如果世界人类能从海底开发出千分之一这种水合气体，足以满足各种能源的需求。其中包括飞机与汽车，能无穷无尽使用上千年。因此它是未来世界的能源大仓库。

气体又为何成为"可燃冰"呢？这是海底压力增大到一定程度，海水温度降到一定程度，才能使气体变成晶体——可燃冰，它是一种稳定存在的状态。

发现海底"可燃冰"，为人类解决能源危机指明了出路，这无疑是一件大喜事。但是，要从海洋深处把水合天然气开采出来，为人类所用，是一件十分困难的事。因为无论通过增温还是降压，使水合天然气分解，都要消耗大量能量。

俄罗斯在这方面进行了尝试。他们在西伯利亚的梅索亚哈气田进行了成功实验。这个气田在背斜构造上，储气的地层是白垩纪砂岩。气田中的一部分天然气迁移到近地表松散沉积物中，由于西伯利亚低温和地层中的压力，天然气与水结合成水合天然气。水合天然

可燃冰

气充填于松散沉积物的孔隙中，形成了封闭的壳层，壳层之下为气态的天然气藏。经过多年的开采，自由天然气藏的压力降低，当压力降到水合天然气稳定压力以下时，水合天然气被分解，分解出来的天然气加入到自由气藏中，使下部气藏保持稳定压力，从而延长了气田的寿命。现在，这个气田开采出来的天然气，已完全由水合天然气分解来提供，俄罗斯气田的成功经验，对世界地质学家是个鼓舞。

可燃冰开采需谨慎

事物都是有利弊两面的，水合天然气虽然给人类带来潜在的能源，造福人类，但它也是人类活动的不稳定因素，它会像潜伏海底的"苍龙"一样，一旦蹿出海面，就会危害人类。它会使地球温度骤然增高，也会引起突然间的爆炸。

加拿大科学家唐纳德·戴维森最早认识到水合物可能给人类带来某些危害。他指出，百慕大魔鬼三角区制造一桩桩海难怪事，杀手很可能就是水合天然气捣的鬼。那个地区有丰富的石油和天然气，能在海底形成水合天然气。

当海底温度升高时，或压力稍为降低时，海底水合天然气崩解，形成天然气呈气泡上升，而上升的气泡带动水流向上，降低了海水对海底的压力，其结果又促使更多水合天然气分解，造成海水翻腾。当船舶驶进这种海域时，比重突然变小，船舶就会无缘无故的下沉。而逃逸到空中的天然气团，漂泊在空中，当飞机进入天然气团时，发动机就会因缺氧而熄灭，驾驶员缺氧而窒息，飞机的灼热尾部可能引燃天然气，使飞机起火或爆炸燃烧。

戴维森这些假设，没有引起科学界的重视，有些科学界权威人士更是嗤之以鼻，当成胡说。可是到1990年在美国召开的科学促进会上，几乎百分之百的人赞成他的假说的科学性，因为百慕大魔鬼三角区的确发现了水合天然气。每分钟可迅速逸出500立方米天然气，在安钻进装置时遇到翻腾上升的天然气，使支撑平衡装置遇到麻烦。

多年来百慕大之谜，今天终于大白于天下。对1908年在西伯利亚发生的那次大爆炸，也找到了新的原因。当时许多科学家认为这次大爆炸是陨石坠落撞击地球造成的。但科学家调查结果，找不到陨石坠落撞击形成的大坑，不能自圆其说。近年来科学家把造成这次大爆炸的原因，看成是大量水合天然气逃逸出地表造成的。也就是水合天然气作祟。当然这种看法是不是绝对正确，也没有足够证据，但起码能自圆其说。

由此也得出结论，海底开发水合天然气，要十分慎重，没有绝对的把握，不能轻动，否则，捅开了"潘多拉魔盒"就不可收拾了，必须在安全有保障的情况下才能取出这种"可燃冰"。

 知识点

厌气性细菌

厌气性细菌是在生命活动中不需要氧气而进行无氧呼吸的细菌。这类细菌只在无氧的环境中活动，氧气具有毒害作用。甲烷菌即属于此类细菌。有机质丰富的水底污泥中，厌气性的纤维素分解等把复杂的有机质逐渐分解成醋酸、乳酸、丁醇、甲醇、乙醇等简单有机物和 CO_2、H_2、

H_2S、NH_3 等无机物，甲烷菌进一步同化有机酸和醇类，把 CO_2 还原成 CH_4。人们利用甲烷菌等产生沼气，利用厌气细菌净化各种有机废物和污水。

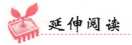

延伸阅读

潘多拉魔盒

这是一则古希腊经典神话。因为普罗米修斯过分关心人类，于是惹火了宙斯。宙斯首先命令火神赫淮斯塔斯使用水土合成搅混，做出一个可爱的女人；再命令爱与美女神阿佛洛狄忒淋上令男人疯狂的激素；女神雅典娜教女人织布，制造出各颜各色的美丽衣织，使女人看来更加鲜艳迷人……最后宙斯在这美丽的女人背后注入了恶毒的祸水，并取名为"潘多拉"。宙斯给潘多拉一个密封的盒子，里面装满了祸害、灾难和瘟疫等，让她送给娶她的男人。然后，宙斯就命令使者赫耳墨斯把她带给普罗米修斯的弟弟厄庇墨透斯。

普罗米修斯深信宙斯对人类不怀好意，告诫他的弟弟厄庇墨透斯不要接受宙斯的赠礼。可他不听劝告，娶了美丽的潘多拉。潘多拉被好奇心驱使，打开了那只盒子，里面所有的灾难、瘟疫和祸害立刻都飞了出来。人类从此饱受灾难、瘟疫和祸害的折磨。而智慧女神雅典娜为了挽救人类命运而悄悄放在盒子底层的美好东西"希望"还没来得及飞出盒子，潘多拉就把盒子关上了。